农村农业信息服务发展
研究与实践

◎ 刘延忠　封文杰　郑纪业　编著

U0350770

中国农业科学技术出版社

图书在版编目（CIP）数据

农村农业信息服务发展研究与实践／刘延忠，封文杰，郑纪业编著 . —北京：
中国农业科学技术出版社，2018.12

ISBN 978-7-5116-3935-6

Ⅰ. ①农…　Ⅱ. ①刘…②封…③郑…　Ⅲ. ①农村-信息服务业-研究-中国
Ⅳ. ①F320.1

中国版本图书馆 CIP 数据核字（2018）第 288699 号

责任编辑	白姗姗
责任校对	贾海霞

出 版 者	中国农业科学技术出版社
	北京市中关村南大街 12 号　邮编：100081
电　　话	（010）82106638（编辑室）　（010）82109702（发行部）
	（010）82109709（读者服务部）
传　　真	（010）82106650
网　　址	http://www.castp.cn
经 销 者	各地新华书店
印 刷 者	北京建宏印刷有限公司
开　　本	787mm×1 092mm　1/16
印　　张	7.75
字　　数	201 千字
版　　次	2018 年 12 月第 1 版　2018 年 12 月第 1 次印刷
定　　价	68.00 元

作者简介

刘延忠，男，1977 年出生，现任山东省农业科学院科技信息研究所研究员，兼任中国农学会农业信息分会常务委员、山东科技情报学会理事、山东科技咨询协会理事。研究方向为农业科技信息，围绕农业数据的获取与分析技术研究工作，先后主持和参加了国家科技支撑计划、国家重点研发计划、山东省重点研发计划与山东省农业重大应用计划等 20 余项农业信息化课题研究工作，作为主要完成人取得包括山东省科技进步一等奖、二等奖在内的科研成果奖励 10 余项。获得国家发明专利、实用新型、计算机著作权登记 12 项。发表研究论文 15 篇，EI 收录 2 篇，参编著作 3 部。

封文杰，男，1979 年出生，现任山东省农业科学院科技信息研究所副研究员，主要研究方向为农业农村信息化。任中国农学会农业信息分会委员、中国农学会计算机农业应用分会委员。先后主持和参与承担国家科技支撑计划、国家 863 计划、国家星火计划、软科学计划和山东省自主创新重大专项、重点研发计划等各类重点项目 30 余项，作为骨干参与了山东省国家农村农业信息化示范省建设工作，在数据资源整合、信息系统与平台、农业物联网、信息服务模式与机制等方面取得了多项研究成果并进行了良好的示范推广与应用。先后获得山东省科技进步一等奖 1 项、二等奖 3 项，其他各类科技成果奖励 10 余项；获得专利、计算机软件著作权等 30 余项。

郑纪业，男，1982 年出生，山东省农业科学院科技信息研究所助理研究员，主要研究方向为农业信息化、精准农业。自参加工作以来，先后参加完成国家 863 计划、国家科技支撑计划和山东省自主创新专项、科技发展计划、重点研发计划、自主创新计划等项目 10 余项，是中国农技推广协会高新技术专业委员会会员、中国农业工程学会会员。获得山东省农业科学院科技进步奖、山东省科技情报奖 2 项；获得专利、软件著作权等知识产权 10 余项；参加编写著作 3 部；发表论文 20 余篇。

前　言

　　2005 年中共中央国务院一号文件（简称中央一号文件，全书同）提出"加强农业信息化建设"以来，连续 14 个中央一号文件持续关注农业信息化。党的十八大报告首次提出"四化同步"发展战略："坚持走中国特色新型工业化、信息化、城镇化、农业现代化道路，推动信息化和工业化深度融合、工业化和城镇化良性互动、城镇化和农业现代化相互协调，促进工业化、信息化、城镇化、农业现代化同步发展。"在推动经济社会又好又快发展中，把"三化同步"变成"四化同步"，凸显了信息化的突出地位和不可替代的作用。2015 年 3 月 5 日，第十二届全国人民代表大会第三次会议上，李克强总理所做的政府工作报告，第一次将"互联网+"行动提升为国家战略，指出"将互联网+作为信息化战略的重要组成部分深刻改造传统农业，成为中国农业必须跨越的门槛"。2015 年 7 月国务院颁布了《关于积极推进"互联网+"行动的指导意见》，将"互联网+"现代农业作为 11 项重点行动之一，明确提出利用互联网提升农业生产、经营、管理和服务水平，促进农业现代化水平明显提升的总体目标，部署了构建新型农业生产经营体系、发展精准化生产方式、提升网络化服务水平、完善农副产品质量安全追溯体系等具体任务。农业部等八部委于 2016 年 4 月制定下发了《"互联网+"现代农业三年行动实施方案》（简称《方案》）。《方案》提出了 11 项主要任务，在服务方面，重点强调以互联网运用推进涉农信息综合服务，加快推进信息进村入户；在农业农村方面，加强新型职业农民培育。国家层面连续出台相关规划和政策，地方积极进行实践探索，农业信息化爆发出前所未有的活力。

　　农村农业信息服务是农村农业信息化的重要内容。通过开展有效的农村农业信息服务，推进解决信息服务"最后一公里"问题，能够实现科技要素、信息要素、市场要素向农村高效的流动，提高现代农业生产水平、农村管理水平和农民生活水平，为统筹城乡发展提供有效支撑。开展农村农业信息服务，有利于加快科技成果、实用技术与生产应用的良性互动，促进科技信息供需对接，有效推动科技成果转化，加速传统产业改造，优化产业结构，推进实用技术下乡、进村、入户，有效促进科技与服务相结合、科技与产业相结合、科技与创新要素相结合，提升和发展农业特色、优势产业，加快农村经济社会的现代化发展。

　　而农业是弱质产业，农民是弱势群体，农村农业信息服务主要是以公益性为主，因此政府始终扮演重要的角色。农民是农村农业信息服务的主要受体之一，农村农业信息服务大多是围绕农民的生产生活需要开展的，因此，农村信息服务模式中如何解决信息的入户问题、信息服务的"最后一公里"问题尤其重要。由于农民在信息服务中扮演着最终用户的角色,因此,其信息获取能力、信息接受能力以及信息的对外交流能力直接影响着信息服务的效果,解决3个能力问题是解决农村农业信息服务的关键。

山东省在农村农业信息服务方面取得显著成效。自2010年以来,在科技部、中组部和工信部三部委的领导下,开展了国家农村农业信息化示范省建设工作,在国家农村信息化专家组的指导和帮助下,按照"平台上移,服务下延,资源整合,一网打天下"的建设原则和思路,深入融合产业特色,积极探索公益服务与市场运营相结合的"1+N"服务模式,取得了显著成效。本书作者有幸参与了山东示范省建设的大量工作,在农村农业信息服务方面进行了实践探索,收获和体会颇多。结合近几年参与科研项目所取得的研究成果,编撰出版此书,意图对多年的研究和实践工作进行总结,也希望能够为同行提供参考借鉴。

本书由刘延忠、封文杰、郑纪业为主负责撰写和统稿工作。本书的出版是多方支持和帮助的结果,凝聚了众多同志的心血。感谢山东省农业科学院科技信息研究所的领导和同事们给予的支持和帮助,感谢山东省科技厅、山东省农业厅等部门给予的指导,感谢中国农业科学技术出版社的大力支持。

限于编著者的知识水平,加之农村农业信息服务理论创新和实践应用快速发展,书中难免有不足之处,诚恳希望同行和专家批评指正。

编著者
2018年9月

目　　录

第一章 农村农业信息服务概述

第一节 农村农业信息服务内涵

农业信息服务的范畴有广义与狭义之分。广义的农业信息服务涵盖了农业信息产品的生产加工、发布传播、交易分配、信息技术服务以及信息提供服务等综合性服务，泛指以产品或服务形式向用户提供和传播信息的各种劳动。农业信息服务的狭义概念是指农业信息服务提供机构以用户的涉农信息需求为中心，展开信息搜集、生产、加工、传播等服务。

农业信息服务的目标是以"统筹规划、国家主导；统一标准、联合建设；互联互通、资源共享"的国家信息化建设二十四字方针为指导思想，面向农村、农业企业和农民，利用现代信息技术，构建农村科技信息服务平台，研究开发一批农业信息技术产品和多媒体信息系统，建立高效的农业科技传播体系，为农业生产和管理人员提供各类先进适用技术、生产管理知识。

农业信息服务的内容包括综合运用广播、电视及报刊杂志等传统信息传递方式和计算机、网络及卫星通信等现代发达的信息技术，对现有信息传播体系进行集成整合，加强信息技术对农业和农村的全面渗透，完善农村信息网络建设，提高网站质量，扩充农业信息量；加强信息标准建设，构建智能化农村社区信息平台，促进信息资源共享和开发利用；建立农民科技信息服务体系、企业信息服务体系和星火计划管理服务体系等三大农村信息服务体系，全面、高效、快捷地为农民、农业企业家和管理人员提供其各自所需的、有价值的市场信息、知识信息和服务信息，提高工作效率和管理的科学性；促进农村信息化进程，利用"村村通""科技110"等模式，加快信息进村入户，提高农村基层适应市场的能力；建立高效的应用示范体系和灵活的推广机制，加强人才队伍的培养建设，提高农民的科技和文化素质。

第二节 农村农业信息服务主体

农村信息服务主体由信息供体、信息传输的载体和信息服务的受体组成。其中信息传输的载体和受体决定着信息传播和农业科技成果的转化应用，在农村信息服务体系中占有重要的地位。

一、农村信息服务受体分析

（一）农民

农民是农村信息服务的受体之一，农村信息服务大多是围绕农民的生产生活需要开展的，因此，农村信息服务模式中如何解决信息的入户问题，信息服务的"最后一公里"问题尤其重要。由于农民在信息服务中扮演着最终用户的角色，因此其信息获取能力、信息接受能力以及信息的对外交流能力直接影响着信息服务的效果，解决3个能力问题是解决农村信息服务的关键问题。当前农民在农村农业信息获取过程中存在以下几方面的问题。

1. 获取信息的途径有限、获取手段落后

根据调查，当前农村农民获取信息的主要渠道是电视（占94.1%）、广播（占59.0%）、电话（占37.7%）等传统媒体，从专业协会（占9.0%）和计算机网络（占5.3%）渠道获取的所占比例很小，见图1-1。可见从推广部门、专业协会等传统的信息传播渠道获取的信息极其有限，不能充分发挥科技中介作为信息传递的媒介和主渠道作用，完全靠农民自身的科技素质和判断能力，影响了信息获取的质量。

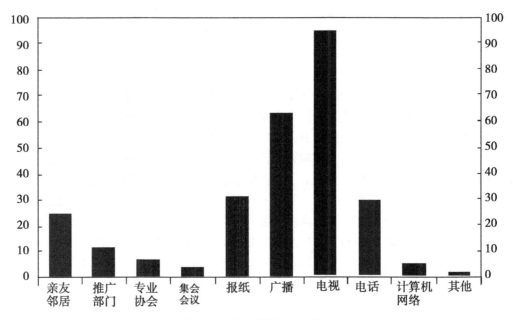

图1-1 农民获取信息的渠道

农民获取信息的渠道不畅。虽然各种农民合作组织、推广机构建立了信息服务站等信息服务媒介，以各种形式进行信息搜集、信息咨询、信息发布，但当前信息"进村入户"还远远没有达到，信息服务的"最后一公里"问题仍然没有解决。获取信息途径不通畅便会引起农民对信息特别是市场信息占有不完全、技术信息缺乏、管理信息落后，直接导致农民在生产上、市场上、经营上的不稳定性，影响到农民收入的稳定性，进而可能导致农村社会的不稳定性。

上网设备价格高，农民承受能力有限。互联网作为现代信息服务的重要媒体，具有快捷、信息容量大的特点。但每台计算机一般在5 000元左右，对农民来说是一笔相当大的开支，同时还有上网的费用，一般每月30元左右，由于信息服务产生的是间接效益，因此，在当前农民信息化意识较低的情况下，认识不到这些设备能给他带来多大的收益，很难激发对这些设备的使用需求，也影响了信息在农村的传播。

信息需求多样化，信息服务滞后。在调查的30种需求信息中，农民对信息的需求呈现多样化趋势。各种信息需求占比分别为气象信息（93.3%）、种植技术（69.7%）、农业新闻（68.0%）、生活百科（64.1%）、市场价格（64.0%）、种植品种（56.3%）、科技动态（53.0%）、行情分析（50.3%），这说明农民对气象、技术和市场等方面的信息需求很大，而对农机（10.1%）、标准规范（5.3%）、植保技术（1.3%）等的需求相对较小，见图1-2。相对于多样化的信息需求，信息服务却严重滞后，表现在信息服务部门机构薄弱、人员队伍不健全、信息资源少、信息服务内容单一，这些都不能适应农民对信息的多样化需求。

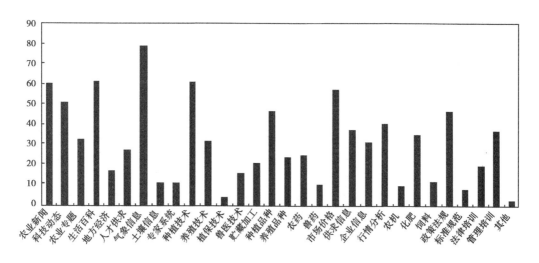

图1-2　农户的信息需求

2. 农民整体受教育程度较低，信息接受能力有限，信息甄别困难

农民是农村经济活动、信息服务和科技成果转化的重要载体，但受经济发展水平等多种因素的影响，我国农民接受教育的机会相对较少，农民的科技文化素质也较低。近年来，我国文盲的比例尽管在逐年减少，但目前仍达7.6%；农村劳动力中接受高中教育的人数仅9.8%、接受中专教育的人数仅为2.1%、接受大专及以上教育的人数仅0.5%左右。农民文化素质不高已成为农村科技信息传播和信息接受能力的主要制约因素。

从事农业生产的农民素质较低。由于农业的比较效益低，致使大批有知识、有能力的农民离开农业，流向城市，这在年轻的农民中表现最为突出。留在农村种田的大多是文化低的劳动力，而且主要是老人、儿童和妇女，因而被戏称为"996138"部队。这种状况使得农村劳动力受教育程度偏低，与全社会劳动力素质普遍提高的状况不协调。

农民信息意识不强。根据"对农村信息化概念的了解情况"的调查，调查内容包括对计算机系统、计算机软件、计算机硬件、互联网、局域网、电子邮件、管理信息系统、办公自动化、光缆通信、数字化、宽带、农村信息化、专家系统、精准农业、远程教育、电子政务、农技110、农业寻呼等信息技术的了解，结果农民均没有选择，这说明农民对计算机和现代信息技术等方面的概念了解很少，信息化意识淡漠。而信息化意识和信息化观念影响到信息技术的传播和推广，关系到对信息的重视程度，影响到对信息化设备的投入水平和需求，可见如何提高农民的信息化素质和知识还有一个很长的过程，而且任重而道远。此外大部分农民对信息甄别能力偏低。农民普遍缺乏对信息的有效甄别能力，易受不法企业的蒙骗，上当受骗。

3. 农民的组织化程度低，在对外交流中处于弱势

首先，我国农户目前大多经营规模小，缺乏依靠自身力量获得信息的能力和财力，因而缺少对市场变化的分析预测能力，生产经营有一定的盲目性；其次，由于组织化程度低，在信息获取上由农民个人承担相关的费用，不能有效地分担获取信息的成本；最后，缺乏一个稳定的面向农民信息服务的共同体（组织），难以有效地获取信息，进而指导生产。

（二）企业

随着农村经济的发展，农村企业发展很快，对各种信息的需求也加大，因此农村企业也是农村信息服务的重要受体。但相对于农民，企业的信息需求相对单一，信息的接受能力也比较强，企业的管理人员的素质也比较高。与农民主要重视农业生产环节不同，企业更注重市场和流通环节相关信息。企业信息服务存在的主要问题包括以下几种。

信息获取水平不高。农村企业，特别是由农民为主体组成的生产加工型的小型企业，由于自身投资能力有限，在网络应用上和先进技术应用上比较弱，还是传统的电话或营销人员直接跑市场，信息获取水平落后，在激烈的市场竞争下，在经营中显得力不从心。对外服务能力较弱。网站作为对外服务的窗口和与用户交流的桥梁，在企业的经营管理中发挥重要的作用，但农村企业具有网站的比较少，即使有网站，往往网站管理不良、网站信息滞后，没有发挥其应有的作用。电子商务作为企业未来经营的方式，可以有效地降低流通成本和交易成本，但现有的农村企业应用的很少，很难适应现代信息社会对企业生产经营的要求。

信息化建设方面投入少。对相关企业调查显示，近三年企业信息类固定投资占同期固定资产投资的平均比重仅为4.5%，而且有59.3%的企业无成文的信息化规划，有67.7%的企业无成文的信息化预算，这严重制约着企业开展有效的信息服务。另外，在软件应用和信息资源建设上投入不足。

信息服务队伍不足。一方面企业缺乏专业的信息服务人员，另一方面，现有的信息

服务人员素质也比较低，难以开展有效的服务。同时也缺乏对企业员工的技术培训，信息服务质量和服务队伍难以保证。据对相关企业调查显示，当前，建立信息化技术培训教室的企业仅占20%，有80%没有自己企业的培训基地。同时对非专业IT人员培训没有形成制度化，不定期培训占一半以上，定期培训仅占5%，而从来没有进行培训则达到12.5%，不利于企业信息化人才培养，影响了企业的整体信息服务水平的提高。

（三）会员（新型农业经营主体）

会员一般为农村中介组织（主要是专业协会或农民专业合作组织）的成员，往往是农民个人，也可以是集体单位或企业。作为会员，可以享受到协会的技术指导、获得个性化的服务，同时在出售农产品、技术培训上获取较好的服务，通过协会或组织提高自身适应市场和获取先进技术的能力，减少市场风险和技术风险。但会员在农村信息服务中也存在一些问题。

会员素质良莠不齐。来自农民的会员一般素质较低，对于技术的掌握和接受能力有限。而企业会员，素质相对较高，对市场的应变能力较强。

新型农业经营主体内部生产灵活度低。由于会员在农产品生产、管理和经营上依赖与所在协会（或组织）的信息传递（包括技术信息和市场信息），而且在生产上基本是协会（或组织）要求生产的产品，产品结构比较单一，在应对市场变化上，过度依赖协会，有时在协会组织信息失真的情况下，可能造成严重的损失。

新型农业经营主体中成员组织意识不强。会员主要是通过协会（或组织）形成一个统一的利益共同体，但部分会员受小农意识的影响，组织性不强，面对农产品市场复杂多变形势，过于追求既得利益，当市场价格高于协会或组织与其签订的收购价格，他可能把产品直接销往市场，从而使整个协会或组织利益受损，难以开展进一步的服务。

二、农村信息服务载体分析

（一）政府部门

农业是弱质产业，农民是弱势群体，农村信息服务主要是以公益性为主，因此政府无论现在还是将来在农村信息化建设中始终扮演重要的角色。因为农村信息服务体系建设需要政府去组织、去牵头、去协调，尤其是前期项目的投资还主要依靠政府的投入。同时，政府拥有先进的信息设备，这是一般农民所不具有的。在占有信息和信息服务方面，政府有不可替代的作用。政府可以利用其健全的信息系统指导和帮助农民解决生产和流通等环节中的问题。没有政府的支持，有效的农村信息服务很难实现和完成。同时由于农村信息服务体系建设投入较多、短期内效果不明显，而农民认识程度较低，因此应充分发挥政府和集体（村）在农村信息服务体系建设的主力军作用。因此，政府的作用主要在于为农村信息服务提供有力的制度保障。政府通过制订规划和政策、加强立法、增加投资等，为农村信息服务创造良好的发展环境，引导农村信息服务向规模化、规范化和现代化发展。

1. 主要作用

整体规划，统一布局。农村信息服务体系建设是一项系统工程，必须由政府出面进行统一规划和布局，统一进行系统部署，才能保障农村信息服务体系建设的统一性、协调性和有序性，才能形成全国一盘棋的服务格局，才能有效地进行资源的整合和集成，优化配置资源，达到系统整体最优。特别是在当前我国农村信息服务体系建设各自为政、分散投入、重复投资、重复建设、信息资源利用率低的情况下，政府的协调作用尤显重要。

规范信息服务的管理工作。通过制订信息采集、加工、传输、发布、交换等的技术规范和标准，促进信息的整合、集成和充分共享，提高资源的利用率。通过规范非政府信息服务部门的服务方式和服务范围，确保信息服务质量，规范农产品市场，防止无序竞争，使信息服务有序和健康发展。

对重大事件、重大疫情的预警发布。政府的一个重要职能是对涉及食品安全、生命安全的信息的监督和发布工作。同时对重大农产品疫情进行监控和信息发布，保障公民的知情权。政府凭借其完善的决策机制，可以对重要农产品价格进行预测预报，对病虫害发生进行预测预报，为农业生产提供可靠、科学和及时的信息。

出台支持农村信息服务工作的政策。政府通过制订鼓励非政府信息服务机构进行信息服务的优惠政策，推动更多的民间资本投入农村信息服务。同时政府通过增加投资，调整投资方向，引导农村信息服务工作。同时，通过组织技术培训，建立一支稳定的信息服务队伍，出台相关的鼓励信息服务人员开展服务的措施，推进农村的信息服务工作。

协调部门之间资源。农村信息服务工作涉及的部门很多，有政府部门、事业单位和公司等，有政府出面才能协调好不同部门的关系和利益，包括信息服务工作的开展。特别是信息科技资源的整合和不同信息传播媒体的整合必须通过政府牵头才能实现，如有些地方由政府牵头建立的农村信息服务联席会议制度，把农村信息服务体系建设相关的部门召集在一起、集体会商、统一部署，保障了农村信息服务工作的开展。

2. 存在问题

虽然政府在我国农村信息服务体系建设发挥了重要作用，占据重要位置，但无论从投入水平上，还是从服务质量上，与农村信息服务体系建设要求相比还有很大差距。

投入力度不够。从国外看，农业和农村信息服务是一种公益事业，主要是通过国家投入实现的，国家是投资的主体。但我国由于受国力限制和传统投入观念制约，总体投入比例小、相对农业投入也比较小。

投资目的偏颇。在投资方面明显"重硬轻软""重建设轻管理""重开发轻应用"，导致政府的投资成为"形象工程"和"政绩工程"，其应用效果可想而知。当前全国各地政府"一窝蜂"的网站建设是一个明显的例子，网站内容空洞、更新慢、服务性栏目少，真正面向用户使用的内容很少。

政府还没有完成从管理型角色到服务型角色的转变。政府还主要行使其管理职能，没有很好的体现服务职能，组织、引导、协调和推动信息服务工作方面仍然需要提高。

没有真正为农村信息服务创造一个持续和稳定的发展环境。没有出台有关的农村信息服务的惠农政策和信息服务激励机制，缺少有效吸引民间资本投身农村信息服务的投资环境。

（二）行业协会

行业协会是服务于整个行业的社团组织，同时带有行业指导、自律、监督职能。行业协会为会员提供行业权威政策信息、技术信息、市场动态等信息，是信息服务的重要载体之一。其信息服务具有明显的针对性和较强的专业性，能根据不同需求主体的独特信息需求提供信息产品和信息服务，真正满足不同用户个性化的信息需求。

1. 主要作用

行业协会是行业的权威组织，可以有效地向会员传递信息，具重要的纽带、桥梁、辐射和引导作用。绝大多数行业协会建设了专门的网站，为会员，为社会，提供充足权威的行业动态信息，服务农业生产。

弥补了政府在信息服务中的缺位。随着政府在职能上的转型，政府在农村信息服务上正在由管理指导向推动政策引导发展，不再直接为农民服务，这必然带来在农村信息服务链上的缺位。协会组织可以利用其灵活的机制，容易建立与企业、农民的沟通，其丰富的信息来源和熟悉农产品市场的人才资源可以弥补政府在信息服务上的欠缺，既促进农村经济发展，也推动了基层政府职能的转变。

2. 存在问题

服务观念不到位。我国很多农业行业协会组织依托原隶属行政部门建立，协会领导多由行政领导兼任，浓厚的行政办公色彩与行业协会的服务职能不协调，服务质量服务意识不到位。

（三）学会社团组织

我国农业学术性社团组织，拥有国内一流的农业专家队伍，拥有遍布全国各地的众多会员。近几年，农业类学会组织，基于自身学会发展的需要和研究领域的深化以及学会规模的日益发展壮大，不少学会成立了二级分会，学会工作又上了一个新台阶。

1. 主要作用

学会作为学术性的社会团体组织，汇聚了研究领域最权威的专家学者，拥有庞大的人才资源，学会专家来自教育领域、科研领域、行政部门、企业等各个单位，从纵向横向联系学术领域的资源，沟通研究单位，研究人员，加强学术交流，促进信息传播，培训会员，推动学术进步，在学术领域、科研领域占据重要的前沿位置，在信息服务中可以起到广泛的辐射效果。

2. 存在问题

学会以学术研究、沟通交流为主，服务对象多立足于本会会员。部分学会面向社会开展培训，组织展会等活动，取得了良好的经济和社会效益，在我国农村信息服务建设中，应大力提倡学会走向社会，发挥学会的人才资源优势，多联系生产实践，探索为农村服务的新途径新模式。

（四）农业技术服务部门

我国农业技术服务部门在我国农业现代化建设中发挥了重要作用，是我国农业技术推广、科技信息传播的主要通道。当前我国有各类农业技术服务机构19万个，形成了种植、畜牧、水产、农业机械和农经五大站，种植、畜牧、水产、农业机械、林业和水利六大体系，这些传统的技术服务部门仍然是农技推广的重要通道。随着我国农村经济的发展，农民对技术需求发生了根本的变化，以技术推广为主体的自上而下的技术服务模式，已经不能适应市场经济条件下的农民的技术需求，传统的技术服务部门面临着严峻的挑战。主要表现在以下几个方面。

1. 农业科技服务与生产需求脱节

据对相关农技服务部门的调查，农业科技服务与生产需求相比较，认为太少占84%，认为不合实际的占3%，其他占13%。农业科技服务与生产需求严重脱节，影响到服务的效果和深度。主要表现在以下两个方面。

重科研，轻推广。我国是一个农业大国，农业科研始终处于重要的战略地位。相比之下，农业科技推广工作却显得重视不够。农业科技推广体系处于"线断、网破、人散"的境地。我国的科技成果转化率仅30%~40%，转化成果的普及率也仅30%。

重技术、轻市场。由于缺乏诱导和激励机制，科研人员注重某项专项技术的试验研究，而没有认真考虑市场需要，不以"市场为本"的结果是，造成农业科研成果与农业生产者实际经济利益脱节问题突出，技术不适应市场需要，使推广陷入被动状态。

2. 科技人员短缺，科技服务队伍得不到保障

据对地市农业科技服务机构调查显示，现有科技人员规模679人，而服务会员29 779家，平均每家0.023人，每百家科技人员不足3人，这种状况很难适应农业发展的新要求。在科技人员中高学历的人才匮乏，大专（含）以上的科技人员不到45%，硕士（含）以上不到1%。

近年来，科技队伍呈现不稳定的发展趋势，主要表现在：第一，科技人员流失。近几年，种植、畜牧、水产业都存在不同程度的科技人员转行流失现象；另外，由于部分高职称人员退休，也呈现出高级科技人员不足的现象。第二，乡镇农业技术人才严重缺乏。专业技术员的数量与所属乡镇的行政村的数量严重失调。当前乡镇农办（服务中心）实际有技术服务能力的人员一般5个左右，而每个乡镇的村庄一般50个左右。并且乡镇农业大专院校的毕业生稀缺，技术人才队伍结构不合理，后备人才不足。当前35岁以下的农业技术服务人员不到农业服务技术队伍的10%。第三，农业服务机构的人员待遇低，队伍难以稳定。农业服务人员长期工作在生产一线，工作环境十分艰苦，曾经有一个顺口溜"远看像个要饭的，近看像个卖碳的，仔细一看原来是农业技术推广站的"高度形象地概括了农业推广服务人员工作条件的艰苦。每一项成果的应用，都是通过他们转化为现实生产力。然而，现有科技人员下乡补助十几年来停滞不前，影响了下乡服务的积极性。改善农技推广人员的福利待遇，吸引优秀的人才，是农业服务机构发展的重要保障。

3. 服务机构可持续发展能力不足

服务机构由于缺乏资金、单位的自身"造血"能力差、办公条件落后和发展后劲不足，影响了其可持续发展能力。

缺乏能够用于技术研发推广的专项资金。在当前市场经济体制下，农民成为生产的主体，农民想种什么就种什么，服务和推广机构面临技术和市场两难的境地，虽然从技术层面上有能力发现新问题，但缺乏相应的研究基金，而无实力解决新问题。

单位自身"造血"能力差。由于缺乏技术研发资金，单位的新产品、新技术和新品种的开发能力很低，大多试验是为某项技术推广进行，技术储备力量明显不足。

办公条件落后，信息获取能力低。我国已经步入"信息社会"和"e时代"，互联网和计算机等在各个领域广泛的应用，使人们充分享受到信息时代的信息来源的多渠道和快捷。然而，这些服务机构的办公大多还停留在纸笔阶段，没有计算机、多媒体投影机等设备，影响到了工作效率和服务效果。办公条件落后，信息获取渠道少，也是科技人员知识更新慢，知识结构落后的重要原因。

人员结构不合理，发展后劲不足。第一，青年科技人员稀缺。如区农技推广中心近6~7年间没有进大中专毕业生。第二，再教育滞缓，知识结构陈旧。国家实施粮食战略性结构调整后，大部分从事农作物推广的科技人员的知识结构面临更新，但从对这些机构的调研来看，科技人员参加再教育培训的人员、次数和内容均少。

缺乏有效的科技支撑，信息服务效果差。在调研的服务机构中依托农业科学院（所）仅15家，没有科研院所的有效支撑，没有建立合理的技术交流和人员交流的机制，科研能力和科技人员的素质得不到及时的更新，影响到科技服务的效果。

4. 机制不活

当前的用人机制、分配机制和组织机制不活，成为制约农业科技服务能力的重要因素。

用人机制不活。虽然农业服务机构承担的是公益性、公共性事业，但从用人机制上讲，如果脱离了市场经济的大背景，失去标准，也就失去了发展的活力。因此用人机制应冲破计划经济的羁绊，让人"活"起来。

分配机制不活。主要是从工资分配上体现不出谁对单位的发展做了更多的工作，谁对单位的经济总量的增长做出了更大贡献。建立能体现人贡献大小的岗位、效益动态分配机制，是打破僵化、促进工作人员积极进取的原动力。

组织机制不活。原有政府兴办的农业科技推广机构长期以来受部门分割体制的局限，研发层次重叠，服务面窄，管理效率低下，科技人员潜能没能得到全面发挥，人员结构不合理，知识结构老化，硬件设施陈旧或缺少，科技成果转化率低，缺乏市场推动力，面对由服务农业转向服务"三农"要求很难适应。

（五）农业传媒单位

农业媒体宣传出版单位是农业信息服务的排头兵，农业报刊、杂志、书籍、农业网站、农村广播电视节目，数量庞大，宣传手段先进，是农业信息服务体系中重要的组成部分。

1. 组织形式

农业传媒单位组织编写、策划出版,服务于农业生产、农村发展、农民生活需要的各种书刊、杂志、报纸等出版物,电台、电视台组织制作形式新颖,内容实用的农业节目,农业类网站及时组织更新网站信息,反映传播农业生产信息、市场信息、农产品贸易信息,农村信息服务工作全方位展开。

2. 地位作用

农业传媒单位是农业信息服务体系的重要一员,是农业信息服务的排头兵。广泛宣传党的农村政策,占领农村宣传阵地,传播致富信息,领导农民发家致富奔小康。宣传农业科技信息,促进农业科技成果转化。

3. 主要问题

农业传媒单位应严把信息来源关,注重信息的真实性,杜绝虚假信息,防止误导农民。不少坑农害农案件,或多或少有传媒单位的推波助澜,农业传媒单位要建立长效的自律机制,严防有偿信息交易,本着为农民服务的高度政治责任感,做好新时期我国农村信息服务工作。

(六) 农村经纪人

农村经纪人是随着我国市场经济条件逐步建立和完善发展起来的。他们以本地农副产品产销为依托,一头连着农户,一头连着市场,是农产品走向市场、联系生产和消费的桥梁和纽带,是发展农村经济的一支重要力量。他们来源于农村,熟悉农村市场和农民,同时在长时间的营销活动中,走南闯北,掌握着大量的市场信息,具有比较固定的销售渠道,架起了农产品生产和销售的桥梁,促进了农产品和工业品在城乡之间的"双向"流通。

1. 组织形式

随着农业结构调整的不断深化和农村多种经营方式的持续发展,农村经纪人逐渐发展成为一支农村专业化队伍。当前农村经纪人主要有能人大户型、家庭合伙型、季节松散型、专业公司型、营销协会型等形式。

能人大户型多数是从过去从事短途贩运的农民中发展分离出来的,专门从事某一农副产品销售的经纪人。能人大户型的人数只占农村经纪人总数的5%左右,但其销售额却占总销售额的很大比重,他们是农村经纪人的典型代表。

家庭合伙型是通过家庭与家庭之间的合作而形成的营销联合体。

季节松散型大多是在农闲季节进行短途的贩运和销售,具有明显的季节性、随意性,没有固定的货源和销售场所,这种类型的经纪人虽然群体总量较大,却是农村经纪人队伍中层次最低的。

专业公司型是少数乡村针对某种农副产品销售难的现象而专门设立的营销组织。这种专业型公司在维护农产品收购秩序、稳定市场、解除农民后顾之忧等一系列重要问题上起到了很大的作用。

营销协会型是把一些在当地有影响的农村经纪人联合起来,根据一定的组织结构和法规制度,同时结合各位经纪人的实际情况组织而形成的。他们的信息量大,抗风险的意识和能力高，联合开发市场的能力也强。

2. 地位与作用

农村经纪人作为农村信息传播的重要载体和一种中间力量参与流通，组织农民进市场以完善双层经营体制，将发展农产品产销组织与促进农业产业化、一体化经营结合起来，组织和带动农民开拓市场，在农业信息化建设中的科技服务、流通服务、信息服务领域中都起到重要的作用。

增强了农民的市场意识。农村经纪人时常将外地的最新信息和好的做法及时传输给本地农民；本地农民把他们当作致富的"带头人"，时常向他们打听市场需求和市场行情，在经常相互接触过程中农民的市场意识逐渐增强。

沟通信息，在市场供需双方之间架起桥梁。经纪人凭借他们头脑灵活、分析能力强、信息渠道多、市场经验丰富等优势，对市场的信息了解得比较透彻，对出现的市场机会把握得及时准确。在买家与卖家之间建起一座桥梁，促成双方的合作。信息型经纪人会经常利用网络来沟通市场信息，充分利用现代化的通信手段为农业服务。

促进市场流通体系的完善。经纪人作为农户与市场连接的中介人，利用其信息灵、业务熟、联系渠道多的优势，通过捕捉市场信息，集散疏导产品，及时把农民的产品推销出去，促进了农产品和工业品在城乡之间的"双向"流通，使农民不再为销售发愁。特别是现阶段农村经纪人可以利用农业信息网络来传播销售信息，从而减少信息流动中的障碍。

促进了小生产与大市场的连接，引导农民进入市场。农村经纪人牵线搭桥，通过在加工、销售领域的合作，提高了农民的对话地位，降低了交易成本，增强了农民进入市场、参与竞争的能力，提高了自我管理、自我服务的能力和组织化程度，为将来进行规范化的市场合作奠定了基础。

增强农户生产的规模效益，推动了特色产业的发展。农村经纪人通过提供生产、加工、运销等环节的服务，把专业大户（龙头组织）与一般专业户、一般农户联结起来，发挥了一户带一片的扩散效应，推动了生产的专业化、规模化，增强了规模效益，加速了农民走向市场、参与国内外市场竞争的进程。

优化配置了农村生产要素。农村经纪人可以把农村分散的小生产、农民的劳动与技术、资金，以及产、加、销各环节有机联结起来，通过实施各种专业服务，扩大了农业生产分工的细密程度，促进了土地、资金、技术等生产要素的流动重组，实现农业资源的优化配置，有效地解决了小生产与大市场的矛盾。

促进城乡间的人才流动，使人力资源得到合理的配置。农村经纪人利用现代化的网络，搜集市场上的用工信息，然后一方面专门发送到农业信息网上为农民所用，或者经纪人可以直接找他们所了解的农民，另一方面利用网络把务工人员的信息传送给用工单位，提供更好更快的中介服务。通过农村经纪人的工作，穿针引线，铺路搭桥，使进城务工的农村剩余劳动力得到了及时、适当的配置，为农村剩余劳动力的转移找到了出路，使人力资源得到合理的配置。

3. 主要问题

农村经纪人中，有很多都是自发而成，既无政府认定，又缺乏规范管理，常常得不到农户与外地客商的信任，并且多凭感觉去了解和确定信息，具有一定的盲目性，在提供中介服务的过程中，常常出现服务水平不高，使农民遭受损失，甚至坑农、害农等问题。主要表现在以下几个方面。

交易场所缺乏。由于在农副产品集中的村庄没有集市，经纪人就不能保证有充足的货源和及时走货。

整体素质较低。目前我国农村经纪人队伍大部分是初中、小学的文化水平，接受信息能力有限，对市场和信息的判断准确度低，服务水平较差。

信息掌握有限。有些经纪人对本地生产状况掌握不准，对外部市场行情了解不透，同时在营销过程中，各自为政，把眼光盯在某一销售地点，缺乏对更远更大的市场的把握。

经营资金不足。由于经纪人的收购资金主要靠自己筹集，由于筹集到的资金有限，只能进行小规模的经营，难以做到"本大利厚"。

营销环境不活。在政策方面，缺乏明确鼓励经纪人发展的优惠条文；在服务方面，缺乏对经纪人在信息、资金、组织货源等方面的支撑；同时在管理手段上，政府的行政干预仍较大，在一定程度上影响了经纪人的服务水平。

保障机制不全。由于没有预约收购合同和保护收购合同等保护，市场风险大。经纪人受市场行情影响很大，市场行情好、货源好脱手时就抢着收购；市场行情差、价格下跌时就压级压价或撒手不管，将市场风险转移给农户。

（七）技术服务人员和农村信息员

技术服务人员是农技推广部门专门从事技术服务人员，他们一般受过专业的教育，掌握比较扎实的专业知识和专业技能，并能及时更新相关的知识，曾经是农村科技服务的主体。随着农技推广系统改革深入，一部分农技推广人员，下海搞起了经营，当起了农资经销商，一部分人转变为农村经纪人。

农村信息员是近几年来随着我国农村信息化建设和农村信息服务体系建设发展起来的，是连接基层农业信息服务机构与广大农民的桥梁和纽带，他们一般来自农民，经过专门培训，具有与农民沟通的天然优势，承担信息服务传播的二传手作用。我国对农民信息员的队伍建设非常关注，在《农业部关于做好信息服务网络延伸和农村信息员队伍建设的意见》明确提出把农村信息服务点和农村信息服务员队伍建设作为当前信息服务工作的重点，认为加强农村信息员队伍建设是解决信息服务"最后一公里"问题的有效途径。

技术服务人员和农村信息员他们承担的任务不同，但目的是一致的，就是加快技术科技知识和信息在农村的传播，特别是向农民的传播和推广。他们共同特点是，不是信息服务的最终受体，而是信息传输的媒介和桥梁。二者在农业技术传播和农村信息服务方面发挥了重要作用，但也面临着一些问题。

1. 专业信息服务人员匮乏

由于农村信息化建设刚刚起步，专业的信息服务人才极其匮乏，专业技术服务人员虽然掌握较深的专业知识，但信息化知识和信息化技能掌握的相对弱，不能满足现代农村信息服务的需要。

2. 激励机制不健全，技术服务人员缺乏主动服务的动力

技术服务人员工作单位是农技服务机构，一般为全额拨款的事业单位，干多干少、干坏干好一个样，缺乏主动服务的动力。而科技服务一般比较辛苦，下乡服务的补贴又很小，难以调动技术服务人员的积极性。

3. 农村信息员服务能力有限

由于农村信息员大多来自于农民，素质比较低，其对信息技术的掌握能力和接受能力有限，难以满足农民多样化的需求。同时农村信息员的设备相对较差或不完善，获取信息和处理信息的能力有限。加快农村信息员的技术素质培养，改善信息服务条件成为提高信息服务能力的当务之急。

（八）农资经销商

农资经销商是重要的农村信息服务载体。我国农资经营领域的改革成果之一，催生了一大批从事农资经营的经销商出现，一个乡镇少则几家，多则十几家从事农资经销，个别地方村里也出现了农资经销户，而我们传统的农技推广服务机构一个县仅有一家。全国的农资经销商数量巨大，他们从事着农业生产资料的经营，每年引进新产品，推广新品种，传递新技术信息，成为农村信息服务建设中一支重要的推广力量。

1. 组织形式

自发形成，合法建立，守法经营，不需要国家投入一分钱。农资经销商的人员组成中，不少人员来自原来的农技推广服务部门，他们有着丰富的农业技术服务经验，了解当地的农业生产情况，可以结合农资经营为农户提供满意的产前产中产后服务和技术指导或农产品回收。从事农资经营的人员中，不少人具有农业院校或相关院校教育背景，或者具有多年农业生产实践经验，普遍具备了为农民提供农技服务的基本技能。

2. 地位与作用

农资经销商是市场经济的产物，是连接厂家农户的中间桥梁，一方面学习接受厂家传授的新技术新产品的相关知识，向农民传授新技术，指导农户进行农业生产，另一方面，向厂家反馈新技术新产品的生产应用效果，发现并反映生产一线出现的生产难题，为厂家提供市场需求信息，研制新技术开发生产需要的新产品。农业的新技术新产品大多以物化成果形式投入农业生产，因此农资经销商事实上已经成为我国农技推广工作中一支重要的生力军。地方农技推广服务中心，也开展了农资经销服务，不少成为当地举足轻重的经销商，成为农资经销商的领头羊。

农资经销商推广新技术新产品的过程，主动扮演了农村信息服务组织者的重要角色。厂家找到经销商商量推广新产品，经销商联系愿意试验的农户进行试验，并全程跟踪指导农户进行科学操作。在农业新技术产品试验推广过程中，经销商是整个工作承上启下的中转站，是信息下达上传者，是后期推广工作的组织策划者，是农户免费的农技服务员。

3. 主要问题

农资经销商首先属于商人，必然有着逐利的天性。由于对农资厂家管理上的漏洞，

劣质农资出现在个别农资市场上，产品的好坏不是经销商关心的问题，部分经销商，什么产品多赚钱就向农民推荐什么，而不将产品效果放在第一位，制造传递了虚假信息，一定程度上促成了市场的不公平竞争。农资经销商的败德行为，应引起政府管理部门的重视，政府应加大农资市场监管，惩处劣质产品厂家，研究建立"非价格"机制，保护农民利益。建议有关部门加大市场监管力度，杜绝厂家造假行为，出台相应管理措施，引导经销商诚信经营，保障农资市场的健康发展。

第三节　农村农业信息服务渠道

一、广播发布

通过广播电台，以广播的形式，传播农业科教信息、农产品价格信息、农资供应信息、病情通报、重大疫情预警、农技指导、致富指南等农民朋友需要的各种农业信息，以专题节目、科普讲座、空中课堂、农业联播节目等节目形式进行农村信息服务，或设立栏目热线、专家热线，通过演播室实现嘉宾与用户的直接对话交流。用户可以按固定时段或固定频率进行接收。

优点：接收终端成本低，易于携带，信息覆盖范围广，较适合偏远山区采用，信息发布费用低廉，无接收费用。

缺点：以信息单向流动为主，信息的直观性差，时效性差，信息的可靠性完全由信息发布单位决定。相比而言，更加适合开展农业科普技术讲座，如农业空中课堂，由于电视的广泛普及，用户群正在萎缩。

二、农业电视频道

有资料显示，我国农民群众获取的信息95%以上来自广播电视，农民群众每天看电视的时间在2~3小时，CCTV7农业频道是很多农民朋友常看的频道，电视传媒在农村信息服务中发挥着重要的信息传播作用。截至2016年，我国电视节目综合人口覆盖率为98.88%，其中农村为98.49%，农村有线广播电视实际用户数占农村家庭总户数比重为33.17%。不少地区，特别是欠发达地区，把电视作为重要的信息服务渠道，将通过互联网或其他渠道采集的科技信息通过电视形式传播出去。电视在形式上包括图文电视、有线电视、无线电视、网络电视等，在内容上有专业频道、专栏和专题等形式。电视机也可通过数字机顶盒接入Internet网。随着电视点播技术的发展，以电话点播的信息服务的模式逐渐发展起来，用户可以按照屏幕提示，进行节目点播和信息查询。

优点：电视信息传播效果好，直观性强，易于接受，深受农民朋友喜爱。我国地域辽阔，地方电视台在节目编排制作上可与当地的农时农事有机结合，制作各种时效性和实用性强的农业节目，信息内容以当地背景为主，取材本地典型和现场录像，百姓容易理解接受，多开设农业科普栏目，传授指导农业生产技能。省级以上电视台，应更多侧重提供农业市场信息、综合信息、重大疫情预警预报等信息，农业电视节目农民朋友坐在家中就可免费收看接收，权威性高，是当前我国开展农村信息服务的一条重要途径。

缺点：信息以单向传播为主，收看时间固定，不可重复利用，不能实现个性化的信息服务（需加装电视机项盒），另外信息播放时段多与农民娱乐时间相冲突。农业频道内容单调，不能满足农民朋友的生活需要，更新滞后，农业频道在内容的编排上，应力求丰富，突出科技信息、市场价格信息、疫情信息等农民朋友最关心的信息，注重时效性，权威性。播出时间应考虑农业生产季节性特点，多在农闲季节安排内容，避开农忙季节。

三、纸媒介传播

传统的图书和报刊是信息传播的最古老的方式，主要包括报刊杂志、科普小报、小册子、印刷资料等，由于信息储存期限长，受环境条件的影响较小，获取成本低，为我国广大农民所喜爱。特别是在农村，这种信息传媒受到普遍欢迎。调查资料汇总表明，目前全国农村基层单位和农民获取农业信息的最主要渠道是报刊杂志，平均为51.5%。当前，农业企业纷纷从单纯的产品价格竞争走向服务领域的竞争，印制企业宣传画册，赠送给农户种植养殖等科普技术资料，这种针对性的企业科普资料，紧密结合农资技术和产品，直接指导农业生产，应用简单，效果好，指导性强，直接服务到田间地头村舍，深受农民朋友欢迎，弥补了传统报刊文摘的侧重知识，与生产实际脱节的不足。农业企业是农业市场的主体之一，是产品的制造者和推广者，农业企业服务信息质量的提高，无疑对提高农业信息服务的总体质量有直接作用。

优点：简单易行，成本低，传播广，实用性强，易保存，易被农民接受，科技教育效果好。

缺点：信息更新手段传统，不环保，信息量承载相对量小，信息周期长，较适宜科普信息，不适宜市场信息。

四、信息服务产品

如今越来越多的农民朋友通过农业科教光盘，学习到了农业新技术技能，实现了发家致富目的，农业VCD、DVD科普光盘信息承载量大，影像资料实用，可以反复观看学习，科技教育形式新颖，非常适合农业科技技能培训需要，得到了农民朋友的广泛认可。填补了农业电视频道观看时间固定的不足，在全国推广普及迅速，成为近几年农业信息服务工作开展的一大亮点。农业科教软件以农业科普知识传播传授为主，信息容量大，多媒体技术先进，是农业信息产品的发展新方向。

优点：农业科教VCD品种多，可满足个性化需求，以视频的方式讲解农业科技知识，直观，易懂，信息服务效果好，易于普及推广，农民乐意接受，成本低，可多次反复收看，传播广，实用性强，科技教育效果好。

缺点：信息单向传播，无法进行信息的更新，不环保，较适宜科普信息，不适宜市场信息。农业科教软件成本高，农民很难承受。

五、农业展会

农业展会是进行农村信息服务的有效途径，我国每年各地举行的各类农业展会少则几百起，多则上千起，既有综合性的农业博览会，又有专业性的农药、种子、肥料、兽药、农产品等专业展会，既有种植业展会，又有畜牧业展会，有以展览为主的展览会，也有以信息交流、产品交易的交流交易会。杨陵的农业博览会，每年有 30 万农民参观展会；河南家禽交易会每年有 1 000 多家企业参展，5 万多名观众参观。不少农业展会形成了每年固定地点、固定时间的定期召开，并且展会规模越来越大，展会效果越来越好。中国（寿光）国际蔬菜科技博览会是经国家商务部正式批准的年度例会，是国内唯一的国际性蔬菜产业品牌展会，每年 4 月 20 日至 5 月 20 日在著名的中国蔬菜之乡——寿光市举行。大会以服务"三农"为宗旨，以推动社会主义新农村建设和现代农业发展为目标，自 2000 年初次举办以来，到 2018 年已经成功举办了 19 届，共有 50 多个国家和地区、30 个省、区、市 2 200 多万人次参展参会。每年有来自世界和全国各地的农资及农产品产销商达 6 000 余家参会参展，推广新技术，寻求商贸合作。每届都以丰硕的经贸成果、独特的展览模式和丰富的文化内涵，在国内外农业及相关产业领域产生了巨大影响。农业展会是农村信息服务的重要实现途径之一，农业展会经济给当地带来丰厚经济收益的同时，产生了显著的社会效益，同时有力促进了农业信息的交流传播，农业新技术新产品的推广应用。

优点：供需直接见面，最好的信息交流方式，信息服务效果好。

缺点：信息传播成本高，企业参会成本高，展位费用，差旅费用，资料费用，使部分企业承受不起参加不了展会，一定程度上会限制信息的公平交流，造成市场的不公平竞争。企业的展会费用最终转嫁到消费者身上，直接增加了农民的负担。另外以展会方式开展信息服务往往存在参观交流时间短，不能充分达到交流交易的展会目的，造成的资金的浪费，效率低。

六、科技下乡和科技大集

各地科研部门、科技服务机构和政府组织的科技下乡、科技大集活动，具有规模大、服务种类多等特点，专家和农民直接见面，科技服务效果好。通过精心组织，科技大集和科技下乡活动对于推广农业技术，实现农业科技成果转化有重要的作用。科技服务车由农技专家和信息服务人员组成。可以深入到农户和田间地头直接指导生产，现场解决生产中的问题。科技服务车与农技 110 呼叫中心相结合，可实现对农技问题的快速反应，及时解决农民生产中的问题。通过不定期组织专家下乡，面对面向农民传递科技信息，及时解决农村生产中存在的各种问题。

优点：服务快捷，直接为农户提供技术服务，解决农业生产中的问题，服务成效高。与农业生产结合紧密，专家现场指导，信息服务内容具体、生动。

缺点：服务成本高，仅能服务特定区域的用户，解决用户问题的能力有限。服务时间短，接受服务的农民范围有限。组织活动成本高。科技下乡由于参加专家不是自愿参与到市场里，易"走过场"，很难保证活动效果。

七、科技服务中介组织

以生产力促进中心、科技企业孵化器、科技咨询与评估机构、技术交易机构、创业投资服务机构为代表的我国科技中介机构迅速发展。科技中介机构面向社会开展技术扩散、成果转化、科技评估、创新资源配置、创新决策与管理咨询等进行专业化服务。信息中介组织主要是为用户提供各种市场信息、技术信息的专业咨询机构。科技服务中介和信息中介组织在为基层服务中发挥重要的作用，这些机构具备专业的服务人员和技术设备，可为用户提供专业化的服务。

优点：可提供多种信息服务，信息服务内容明确具体，信息收益率较高，信息服务专业。

缺点：中介组织多以赢利为目的，不是所有农民都能享受的。

八、专业协会和农民专业合作组织

各种专业协会和农民专业合作组织是农村科技成果转化的重要桥梁与媒介，这些组织和机构信息和技术需求明确，有较为稳定的用户群和服务对象，有些直接参与经营、交易和技术服务，是未来基层科技服务的重点和技术扩散的核心。

优点：信息接受体为团体，信息具有极强的针对性，信息服务多是产、供、销一条龙服务，协会和组织对信息的鉴别分析能力很强，信息共享程度高，信息收益率高。

缺点：失真的信息会造成团体利益的较大损害。

九、传统农技服务机构

主要指国家、集体兴办的农业科技推广机构，包括农技推广站、林业推广站、植保站、畜牧站等。这些机构拥有较丰富的农业技术资源，长期承担农业技术指导和服务工作，专业技术人员较多、服务体系健全。

优点：可提供多方面、多手段信息服务，涉及农业信息的多个方面。

缺点：信息内容没有针对性，政府行为的单向性、被动性服务方式，技术服务内容单一，信息收益率较低，缺乏市场推动力。

十、其他方式

通过板报等形式发布信息。非常传统的服务方式，将与农作物生产季节相应的技术信息或市场信息进行印刷，通过基层组织或集会发放到农民手中。板报是利用农村公开栏或其他公共场所的信息发布栏等进行信息发布。这些形式一般与农业生产结合紧密，可为农民提供较为实用和及时的信息服务。

通过各种组织和机构进行信息服务。通过共青团、妇联、计生组织所建立的自上而下的管理体系，进行信息服务；发挥农村小学学校的中介作用，小学生将家庭信息需求通过在小学学校设立的信息服务站进行发布或咨询，将咨询结果带回家中；遍布全国各地、城市乡村的邮政服务体系，可以将信息直接发送到农民手中；电信部门（固话、小灵通、移动电话）的服务点独立为农民提供信息服务。

通过集市和专业市场发布信息。通过农村集市信息发布栏和广播发布信息。专业市场传播是利用在全国各地的专业农产品批发市场，安装电子显示屏，显示市场价格、供求量等方面的变化，为农民传播最直接的市场信息。

第二章　农村农业信息服务主要技术

信息（information）是信息源所发出的各种信号和消息经过传递被人们所感知、接收、认识和理解的内容的统称。信息有物质信息和精神信息。信息现象无时无处不在，信息广泛分布于自然界。人类社会和人的思维活动过程中，信息现象是永存的，超越人类社会的发展过程。

信息技术（information technology，IT）是指获取、处理、传递、存储、使用信息的技术，是能够扩展人们的信息功能的技术。它集计算机（computer）、通信（communication）和控制（control）技术于一体，国外又称之为"3C"技术，其内容包括信息采集技术、信息传递技术、信息处理技术及信息控制技术，其功能对应着人体信息器官的功能，即感觉器官、传导神经网络、思维器官和效应器官。

第一节　信息技术在国内外农业的发展

一、国外农业信息技术发展状况

20 世纪 50 年代以来，信息技术以其广泛的影响和巨大的生命力风靡全球。信息技术的突破性进展为世界农业科技革命和农业飞跃发展带来了契机，也为世界农业科技革命拉开了序幕。20 世纪 90 年代以来，美国、日本、西欧等发达国家，由于信息产业的发展，促进各类农业技术的发展及应用，使农业生产率得到很大的提高，农产品、工业品要比以往的农业社会、工业社会时期更加丰富。

世界农业信息技术的发展大致经历了 3 个阶段：第一阶段是 20 世纪 50 年代和 60 年代的广播、电话、电视通信信息化和计算机科学计算，即以广播、电话和电视传播农业科技，利用计算机研究饲料配合问题；第二阶段是 70 年代和 80 年代的数据处理和知识处理，以开始农业数据库建设、作物生长模型、农业专家系统和自动控制技术研究为标志；第三阶段是 90 年代以来精确农业技术产生与发展，是地理信息系统、遥感技术、全球定位系统、智能化农业控制机械技术的系统集成与实践应用。进入 90 年代以来，美国、日本、西欧等发达国家和地区在农业信息化方面发展很快，应用范围很广，应用成效显著，大幅度提高了农业生产率。目前，欧美国家农业信息技术发展已进入产业化阶段。以美国、德国和日本为代表的发达国家在完成了农业工业化和农业机械化后，已经进入了农业信息化时代。

美国是农业信息技术研究起步早，发展速度快，应用也较为普及的国家。自70年代初期，美国开始建立农业技术信息数据库，建成了美国国家农业数据库 AGRICOLA，并较早的通过 Internet 网络来传播农业技术。据美国农业部相关报告，2007年美国拥有电脑或租用电脑的农场数量达59%，配有互联网接口的农场数量为55%；互联网的普及刺激了农业电子商务的发展，2003年以来美国农业电子商务的销售额以每年25%的速度增长，而同期全美零售额的增长速度仅为6.8%；2007年美国从事在线交易的农场数量已经达到35%。美国农业卫星数据传输系统 AgDaily 和 FarmData 的应用也非常广泛，从用户观察点获得数据，连续不断地把数据从卫星传送到租用的数据终端并自动存贮，能提供最新的市场价格、气象图表、美国农业部有关市场发展报告、长短期天气预测以及产品信息和保险服务方案。美国农业专家系统、作物模拟模型、智能信息系统的研究处于世界领先水平，已研制出一大批作物模拟模型、作物生产管理系统或病虫害管理系统。以3S为主要支撑技术的精确农业技术也率先在美国产生，其研究水平和应用程度都居于世界首位。

日本依靠计算机为主的信息处理技术和通信技术，增加农村地区的活力，发展农业、农村的信息化。日本已将计算机广泛应用于耕作、作物育种、农作物与森林保护、蚕业与昆虫利用、农业气象、农业经营、农产品加工等方面。20世纪90年代建立了农业技术信息服务全国联机网络，即电信电话公司的实时管理系统（DRESS），其大型电子计算机可收集、处理、贮存和传递来自全国各地的农业技术信息。近两年开发的农业技术情报网络系统，借助公众电话网、专用通信网、无线寻呼网，把大容量处理计算机和大型数据库系统、Internet 网络系统、气象情报系统、温室无人管理系统、高效农业生产管理系统、个人计算机用户等联结起来。政府公务员、研究和推广公务员、农协和农户等各类用户，可随时查询和利用入网的农业技术、文献摘要、市场信息、病虫害情况与预报、天气状况与预报、世界或本国地图、电子报刊、音像节目、公用应用软件等各种数据。最近开发的 Field Server 则更为农民提供了无处不在的网络环境，农民可以随时获得实时的小气候数据，更可以通过 Field Server 所提供的网络环境直接访问决策支持系统，获得实时的支持。

德国农业行政管理机构、科研机关、大专院校、农业技术服务单位等，都普遍配备计算机。计算机在农业上扮演科学计算、数据处理、自动控制、模拟模型等许多方面的角色。德国已实现了农业网络与欧洲、北美、日本等国网络的连接；国内网络更是通过联邦中央、州及各区县的网络系统遍布全国各个角落。农业信息服务体系加紧数据库的建设，不断扩大数据存储，增加信息资源，通过网络连接实现资源共享。德国的农业技术信息服务主要通过3种类型的计算机网络来实施。一是各州农业局开发和运营的电子数据管理系统（EDV），用户可随时获得作物生长情况、病虫害预防、防治技术以及农业生产资料市场信息等。二是邮电局开发运营的电视文本显示服务系统（BTX），用户可通过邮局的通信网络，获得农业技术信息服务。三是德国农林生物研究中心开发建设的植保数据库系统（PHYTOMED），可联机检索有关农业技术信息。在信息技术应用方面，德国利用计算机模拟农作物生长和杂草竞争状态，对农作物进行优化控制和病虫害的预测预报及利用遥感资料，在计算机上可预测生产性状和绘制森林树木分布评价图等都处于国际领先水平。

二、信息技术在我国农业的发展

我国农业信息技术的研究和应用起步较晚。在农业领域引进计算机技术起始于 20 世纪 80 年代初期。从 1990 年开始，我国开展了智能化农业专家系统、农业系统模拟模型及实用农业信息管理系统等方面的研究与推广应用工作。1995—2000 年期间，国家"863"计划 306 主题在全国相继选择建立了北京、云南、杨凌等 20 多个智能化农业信息技术应用示范区。1997 年 10 月，中国农业科技信息网络中心建成，开始组建农业信息网络"金农工程"。2001 年国家农业信息化工程技术研究中心（NERCITA）在北京市农林科学院挂牌成立，技术上依托北京农业信息技术研究中心。与此同时，我国一批科研院所和大专院校相继成立有关农业信息技术研究机构，开展农业信息技术的科研与教育、示范与推广工作。

"七五"以来，我国在农业数据库、农业专家系统、作物模拟模型、农业遥感监测、农业地理信息系统、农业信息网络、农业自动化控制、精确农业技术等领域开展了研究与应用推广工作。已建成中国农林文献数据库、中国农作物种子资源数据库等 100 多个，同时还引进了世界上几个最主要的农业数据库。自 20 世纪 80 年代开始，开发了 5 个"863"品牌农业专家系统开发平台，200 多个本地化、农民可直接使用的农业专家系统，如水稻、小麦、棉花等作物栽培管理专家系统。已初步建成的"金农工程"，已经能够与全球的农业科技信息网联网，而且也实现了与国内各农业网络的联网。畜牧生产的自动控制可优化饲料配方，工厂化农业生产如温室栽培，已经得到广泛示范与初步生产应用。我国还利用遥感与地理信息系统技术，研制出耕地变化监测系统，棉花种植面积遥感调查系统，作物产量气候分析预报系统，作物短、中、长期预报模型，小麦、水稻遥感估产信息系统等。

"十五"期间，国家科技部设立"863"计划现代农业技术主题"数字农业技术研究与示范"专项，进行数字农业关键技术研究和产品开发，通过系统集成构建了数字农业技术平台，初步形成我国数字农业技术框架，初步实现了玉米、水稻株型结构数字化设计，建立了小麦、水稻、玉米、棉花四大作物的气候—土壤—作物综合系统模型，初步形成了畜禽数字化养殖技术平台和数字林业公共技术平台框架。先后在上海浦东、吉林省、黑龙江省、新疆以及北京的小汤山等地建立了设施农业数字化技术、大田作物数字化技术和数字农业集成技术综合应用示范基地。

"十一五"期间，国家科技部设立了国家科技支撑计划重大项目"现代农村信息化关键技术研究与示范"，进行农业生产过程、农产品流通过程、农村综合信息服务等的关键技术与产品的研发以及农村信息化技术集成与示范。在数字农业方面，开展了农业生物—环境信息获取与解析技术、农业过程数字模型与系统仿真技术、虚拟农业与数字化设计技术、农业数字化管理技术和农业数字化控制技术研究。在精准农业技术方面，研究开发了精准作业车载土壤信息和作物信息采集的共性技术与产品、精准作物生产管理决策模型及农田变量作业处方生成技术、精准作业控制与导航技术、农业机械装备总线技术和作业电子控制单元技术。在精准农业关键技术、精准农业重大装备、精准农业技术集成与示范、精准农业推广模式与组织机制四个方面取得了重大技术创新和突破。

"十二五"时期，特别是党的十八大以来，"四化同步"战略深入实施，信息化与农业现代化加快融合，农业农村信息化呈现快速发展的态势。各行业、各领域和主要环节信息技术应用取得显著成效，为"十三五"时期农业农村信息化发展奠定了坚实基础。主要成就包括以下几点。

（1）生产信息化取得突破。国家物联网应用示范工程智能农业项目和农业物联网区域试验工程深入实施，取得重要阶段性成效。畜禽养殖物联网在环境监控、精准饲喂等方面，水产养殖物联网在水体监控、饵料投喂等方面，大田种植物联网在水稻智能催芽、农机精准作业等方面，设施园艺物联网在环境监控、水肥一体化等方面，初步实现产业化应用。总结推广了 426 项农业物联网软硬件产品、技术和模式，节本增效作用凸显。农业物联网等信息技术应用比例达 10.2%。

（2）经营信息化迅猛发展。农业电子商务异军突起，正在形成跨区域电商平台与本地电商平台共同发展、东中西部竞相迸发、农产品进城与工业品下乡双向流通的发展格局。农产品电子商务保持高速增长，2015 年农产品网络零售交易额超过 1 500 亿元，近两年年均增速超过 70%，占农业总产值比重达 1.47%。农产品质量安全追溯体系建设快速推进，有力支撑了农产品电子商务健康快速发展。农业生产资料、休闲农业及民宿旅游电子商务平台和模式不断涌现。农产品网上期货交易稳步发展，批发市场电子交易逐步推广。新型农业经营主体信息化应用的广度和深度不断拓展。

（3）管理信息化不断深化。金农工程建设成效显著，建成运行 33 个行业应用系统、1 个国家农业数据中心及 32 个省级农业数据中心、延伸到所有省份及部分地市县的视频会议系统等。信息系统已覆盖农业行业统计监测、监管评估、信息管理、预警防控、指挥调度、行政执法、行政办公 7 类重要业务，部门、部省、行业之间业务协同能力明显增强。农业部行政审批事项全部实现网上办理，信息化对种子、农药、兽药等农资市场监管能力的支撑作用日益强化。建成了中国渔政管理指挥系统和海洋渔船安全通信保障系统，有效促进了渔船管理流程的规范化和"船、港、人"管理的精准化。农业数据采集、分析、发布、服务的在线化和智能化水平不断提升，市场监测预警的及时性、准确性明显提高，创立中国农业展望制度，《中国农业展望报告》影响力持续增强。农业大数据发展应用开始起步。

（4）服务信息化全面提升。"三农"信息服务的组织体系和工作体系不断完善，初步形成政府统筹、部门协作、社会参与的多元化、市场化推进格局，实现了由单一生产向综合全面、由泛化复杂向精准便捷、由固定网络向移动互联转变。12316"三农"综合信息服务中央平台的建成使用，打造了契合农业行业需求的特色应用服务，为加强全国农业信息服务监管提供了手段和真实、及时的数据支撑，为农业部门自身业务工作的开展提供了便捷的信息技术手段，随着部省信息数据的有效对接，信息资源共享程度将会明显提高，将对构建全国"三农"服务云平台奠定坚实基础。同时，该平台的构建，使得以部级中央平台为支撑监管、省级平台为应用保障、县乡村级服务终端为延伸的全国 12316 农业综合信息服务平台体系初步形成，这既可为信息进村入户工程提供核心支撑，也可以及时了解农业生产经营过程中产生的热点问题和各种诉求，为各涉农主体灵活便捷地获取信息服务提供重要渠道。

"十三五"时期，是全面建成小康社会，实现第一个百年奋斗目标，打赢脱贫攻坚战，进入创新型国家行列的决胜阶段，也是深入推进农业供给侧结构性改革，转变农业发展方式，建设农业现代化的关键时期。为此科学技术部制定的《"十三五"农业农村科技创新专项规划》重点任务提出加快构建现代农业科技支撑体系，其中智慧农业科技支撑将围绕集约、高效、安全、持续的现代农业发展需求，重点开展智能农机装备与高效设施、农业智能生产和农业智慧经营等技术和产品研发，实现传统精耕细作、现代信息技术与物质装备技术深度融合，构建新型农业生产经营体系，转变农业发展方式。

农业部制定的《"十三五"全国农业农村信息化发展规划》提出到 2020 年，"互联网+"现代农业建设取得明显成效，农业农村信息化水平明显提高，信息技术与农业生产、经营、管理、服务全面深度融合，信息化成为创新驱动农业现代化发展的先导力量。

综合研判，"十三五"时期，我国农业农村科技正处于可以大有作为的关键时期，既有加速发展，推进整体实力率先进入世界前列的良好机遇，也面临着竞争优势与比较优势逐步丧失的重大风险。面向世界农业农村科技前沿，面向农业农村主战场，面向国家农业农村科技重大需求，必须牢牢把握机遇，树立创新自信，增强忧患意识，勇于攻坚克难，加快农业农村科技创新，深化科技体制改革，为农业结构升级、方式转变、动力转换，加快提高农业综合效益和竞争力提供新动能。

第二节 信息技术分类

一、感测技术

感测技术是感觉器官功能的延长。能有效地扩展人类感觉器官的感知域、灵敏度、分辨力和作用范围的技术，包括传感、测量、识别和遥感遥测技术等，可实现在任何时间与任何地点对农业领域物体进行信息采集和获取。

（一）农业传感器技术

农业传感器技术是农业物联网的核心，农业传感器主要用于采集各个农业要素信息，包括种植业中的光、温、水、肥、气等参数；畜禽养殖业中的二氧化碳、氨气、二氧化硫等有害气体含量，空气中尘埃、飞沫及气溶胶浓度，温、湿度等环境指标等参数；水产养殖业中的溶解氧、酸碱度、氨氮、电导率、浊度等参数。

（二）RFID

RFID（Radio Frequency Identification），即射频识别技术，也被称为电子标签，指

利用射频信号通过空间耦合（交变磁场或电磁场）实现无接触信息传递并通过所传递的信息达到自动识别目的的技术，是在 20 世纪 90 年代逐步新兴起来的一项自动识别技术，可通过射频信号自动识别目标对象并获取相关数据，识别工作无须人工干预，可工作于各种恶劣环境，在农业上主要应用于动物跟踪与识别、数字养殖、精细作物生产、农产品流通等。

（三）条码技术

条码技术是集条码理论、光电技术、计算机技术、通信技术、条码印制技术于一体的一种自动识别技术。条形码是由宽度不同、反射率不同的条（黑色、白色和空色），按照一定的编码规则编制而成，用以表达一组数字或字母符号信息的图形标识符。条码技术在农产品质量追溯中有着广泛应用。

（四）全球定位系统技术

全球定位系统技术是指在利用卫星，在全球范围内进行实时定位、导航的技术，利用该系统，用户可以在全球范围内实现全天候、连续、实时的三维导航定位和测速；另外，利用该系统，用户还能够进行高精度的时间传递和高精度的精密定位。全球定位系统技术在农业上对农业机械田间作业和管理起导航作用。

（五）RS 技术

RS 技术利用高分辨率传感器，采集地面空间分布的地物光谱反射或辐射信息，在不同的作物生长期，实施全面监测，根据光谱信息，进行空间定性、定位分析，为定位处方农作提供大量的田间时空变化信息。RS 技术在农业上主要用于作物长势、水分、养分、产量进行监测。

二、通信技术

通信技术是传导神经网络功能的延长。包括数字程控交换技术、综合业务数字通信网、光纤通信。应用如电话、手机、网络、卫星等。借助有线或无线的通信网络，随时随地进行高可靠度的信息交互和共享。农业信息传输技术可分为无线传感网络技术和移动互联技术。

（一）无线传感网络

无线传感网络（WSN）是以无线通信方式形成的一个自组织的多跳的网络系统，由部署在监测区域内大量的传感器节点组成，负责感知、采集和处理网络覆盖区域中被感知对象的信息，并发送给观察者。其中，ZigBee 技术是基于 IEEE802.15.4 标准的关于无线组网、安全和应用等方面的技术标准，被广泛应用在无线传感网络的组建中，例如大田灌溉、农业资源监测、水产养殖、农产品质量追溯等。

目前大部分已部署的 WSN，都仅限于采集温度、湿度、位置、光强、压力、生化等标量数据，而在医疗监护、交通监控、智能家居等实际应用中，我们需要获取视频、音频、图像等多媒体信息，这就迫切需要一种新的无线传感器网络——无线多媒体传感器网络。无线多媒体传感器网络（WMSN，Wireless Multimedia Sensor Networks）是在传统 WSN 的基础上引入视频、音频、图像等多媒体信息感知功能的新型传感器网络。

无线多媒体传感器网络是在无线传感器网络中加入了一些能够采集更加丰富的视频、音频、图像等信息的传感器节点，由这些不同的节点组成了具有存储计算和通信能力的分布式传感器网络。WMSN 通过多媒体传感器节点感知周围环境中的多种媒体信息，这些信息可以通过单跳和多跳中继的方式传送到汇聚节点，然后汇聚节点对接收到的数据进行分析处理，最终把分析处理后的结果发送给用户，从而实现了全面而有效的环境监测。

（二）移动通信

随着农业信息化水平的提高，移动通信逐渐成为农业信息远距离传输的重要及关键技术。农业移动通信经历了 3 代的发展：模拟语音、数字语音以及数字语音和数据。我国农民的收入较低，农村的网络设施环境较差，普及计算机和互联网还有很大困难，而手机等移动设备价格相对低廉，移动网络设施也较为完善，因此农业移动通信技术的开发与使用在实现我国农业信息化的战略目标中起着举足轻重的作用。

（三）各种通信技术比较

下表以速率、距离两个维度来分析目前主流的无线接入技术。纵向是速率，横向是接入状态，包括距离、速率、功耗以及是否处于授权频段。

表　主流的无线接入技术比较

	接入技术	近距离无线传输技术	远距离无线传输技术	速率	功耗	频段授权
高速率	3G：HSPA//CDMA1X/TDS		o	2.8～14.4Mbps	高	授权
	4G：LTE/LTE-A/LTE-M		o	100Mbps	高	授权
	WiFi	o		11～54Mbps	较高	非授权
	UWB	o		53～480Mbps	较高	非授权
中速率	MTC/eMTC	o		1Mbps	较高	非授权
	蓝牙	o		1Mbps	较高	非授权
低速率	2G：GPRS/GSM		o	236Kbps	较高	授权
	NB-IoT		o	100Kbps	低	授权
	SigFox		o	0.1Kbps	低	非授权
	LoRa		o	0.3～50Kbps	低	非授权
	ZigBee	o		20～250Kbps	低	非授权
	NFC	o		106～868Kbps	低	非授权

远距离无线传输技术包括 2G、3G、4G、NB-IoT、Sigfox、LoRa；近距离无线传输技术包括 WIFI、蓝牙、UWB、MTC、ZigBee、NFC。远距离无线传输技术的信号覆盖范围一般在几千米到几十千米；近距离无线传输技术的信号覆盖范围则一般在几十厘米到几百米。

近距离无线传输技术主要应用在局域网，例如家庭网络、工厂车间联网、企业办公联网；远距离无线传输技术主要应用在远程数据的传输，如智能电表、智能物流、远程设备数据采集等。

在物联网领域，大多数传感器都是嵌入在芯片中，网络传输模块的能耗低，且功率小，主要以近距离无线连接为主。特别在工厂内部，无数的生产设备、物料和智能终端都需要利用 Wifi、蓝牙、Zigbee 这些近距离无线技术实现互联。但在有些业务中，近距离无线传输无法满足需求。例如，企业需要对客户产品的使用状态进行监控并实时的传回数据。在重工企业，对远程设备使用状态的监控十分重要。因此，需要利用远距离无线传输技术实现数据的回传。这个时候企业可以选择 3G、4G 这样的蜂窝通信技术，也可以选择 LoRa、Sigfox、NB-IoT 这样的低功耗广域网传输技术。

不同层次物联网应用的无线传输需求如下。

第一，高功耗、高速率的广域网传输技术，如 2G、3G、4G 蜂窝通信技术，这类传输技术适合于 GPS 导航与定位、视频监控等实时性要求较高的大流量传输应用。

第二，低功耗、低速率的广域网传输技术，如 Lora、Sigfox、NB-IoT 等，这类传输技术适合于远程设备运行状态的数据传输、工业智能设备及终端的数据传输等。

第三，高功耗、高速率的近距离传输技术，如 WIFI、蓝牙，这类传输技术适合于智能家居、可穿戴设备以及 M2M 之间的连接及数据传输。

第四，低功耗、低速率的近距离传输技术，如 ZigBee。这类传输技术适合局域网设备的灵活组网应用，如热点共享等。

目前，物联网无线传输技术的发展趋势是以低功耗广域网络为主。可以预计，在未来的几年时间，以 Lora、Sigfox、NB-IoT 为代表的低功耗广域网络传输技术将逐渐成为物联网传输层连接技术的主流。

三、信息处理技术

信息处理技术是思维器官功能的延长。就是应用计算机硬件、软件及数字传输网，对信息进行文字、图形、特征识别，信息与交换码之间的转换，信息的整理、加工、生成以及利用数据库、知识库实现信息存储和积累的技术。数据指数字、符号、字母和各种文字的集合。数据处理涉及的加工处理比一般的算术运算要广泛得多。

计算机数据处理主要包括 8 个方面。

数据采集：采集所需的信息。

数据转换：把信息转换成机器能够接收的形式。

数据分组：指定编码，按有关信息进行有效的分组。

数据组织：整理数据或用某些方法安排数据，以便进行处理。

数据计算：进行各种算术和逻辑运算，以便得到进一步的信息。

数据存储：将原始数据或计算的结果保存起来，供以后使用。

数据检索：按用户的要求找出有用的信息。

数据排序：把数据按一定要求排成次序。

数据处理的过程大致分为数据的准备、处理和输出 3 个阶段。在数据准备阶段，将数据脱机输入到穿孔卡片、穿孔纸带、磁带或磁盘。这个阶段也可以称为数据的录入阶段。数据录入以后，就要由计算机对数据进行处理，为此预先要由用户编制程序并把程序输入到计算机中，计算机是按程序的指示和要求对数据进行处理的。所谓处理，就是指上述 8 个方面工作中的一个或若干个的组合。最后输出的是各种文字和数字的表格和报表。

数据处理系统已广泛地用于各种企业和事业，内容涉及薪金支付、票据收发、信贷和库存管理、生产调度、计划管理、销售分析等。它能产生操作报告、金融分析报告和统计报告等。数据处理技术涉及文卷系统、数据库管理系统、分布式数据处理系统等方面的技术。

此外，由于数据或信息大量地应用于各种各样的企业和事业机构，工业化社会中已形成一个独立的信息处理业。数据和信息，本身已经成为人类社会中极其宝贵的资源。信息处理业对这些资源进行整理和开发，借以推动信息化社会的发展。

四、信息控制技术

信息控制技术是效应器官功能的延长，是根据输入的指令信息（决策信息）对外部事物的运动状态和方式实施干预，是效应器官功能的扩展延伸。农业信息控制技术包括农业预测预警、农业优化控制、农业智能决策、农业诊断推理、农业视觉信息处理。

（一）农业预测预警

农业预测是以土壤、环境、气象资料、作物或动物生长、农业生产条件、化肥农药、饲料、航拍或卫星影像等实际农业资料为依据，经济理论为基础，数学模型为手段，对研究对象未来发展的可能性进行推测和估计。农业预警是指对农业的未来状态进行测度，预报不正确状态的时空范围和危害程度以及提出防范措施。

（二）农业优化控制

农业优化控制是在农业领域中给定的约束条件下，将人工智能、控制论、系统论、运筹学和信息论等多种学科综合与集成，使给定的被控系统性能指标取得最大化或最小化的控制。

（三）农业智能决策

农业智能决策是智能决策支持系统在农业领域的具体应用，它综合了人工智能（AI）、商务智能（BI）、决策支持系统（DSS）、农业知识管理系统（AKMS）、农业专家系统（AES）以及农业管理信息系统（AMIS）中的知识、数据、业务流程等内容。

（四）农业诊断推理

农业诊断是指农业专家根据诊断对象所表现出的特征信息，采用一定的诊断方法对其进行识别，以判定客体是否处于健康状态，找出相应原因并提出改变状态或预防发生的办法，从而对客体状态做出合乎客观实际结论的过程。农业诊断推理指运用数字化表示和函数化描述的知识表示方法，构建基于"症状—疾病—病因"的因果网络诊断推理模型。

（五）农业视觉处理

农业视觉处理是指利用图像处理技术对采集的农业场景图像进行处理而实现对农业场景中的目标进行识别和理解的过程。基本视觉信息包括亮度、形状、颜色、纹理等。

第三节　关键共性技术

21 世纪是社会高度信息化、经济高度知识化的时代，以计算机技术、通信技术和电子技术为特征的信息化浪潮正席卷全球。现代信息技术也正在向农业领域渗透，农业信息技术在农业信息化体系中处于重要的核心位置，在涉农的各个环节和领域发挥了重要作用。

一、遥感技术

遥感（简称 RS），由美国地理学家伊瑞林、普鲁特等人在 1960 年提出。人们通过大量的实践发现，任何物体都具有不同的吸收、反射、辐射光谱的性能。即使是同一物体，在不同的时间和地点，由于太阳光照射角度不同，它们反射和吸收的光谱也各不相同，因此，可根据物体光谱反射特性来对物体作出判断。

RS 技术在农业中的应用如下。

农业资源调查：遥感技术能获取农作物的分布状况、生长状况和受灾情况等，测定植物的成活率、土壤肥沃程度等。

农作物长势监测与估产：作物长势监测是一个动态过程，利用 RS 多时相的影像信息，能够反映出宏观植被生长发育的各阶段特征。结合相关背景资料，判读解译目标区域 RS 影像信息，对作物生长过程中自身的态势和生长环境的变化进行分析，还可识别作物类型，计算出其播种面积。

灾情监测：基于遥感资料可对旱涝灾害、土壤的侵蚀、沙化、草原退化以及大型工程引起的环境恶化问题进行监测和调度决策。

农业环境保护：通过建立农业资源环境空间数据库，管理、分析和处理环境数据，汲取有用的决策信息，建立若干环境污染模型，模拟区域农业环境污染演变状况及发展趋势，可及时发现情况，及时预警。

二、全球定位技术

全球定位系统（简称 GPS）是利用卫星在全球范围内实时进行定位、导航的系统。GPS 功能必须具备 GPS 终端、传输网络和监控平台 3 个要素，通过这三个要素，可以提供车辆防盗、反劫、行驶路线监控及呼叫指挥等功能。

GPS 技术在农业中的应用如下。

土壤养分分布调查：在目标区域中，通过配置有 GPS 接收机和计算机的采样车辆在农田中行驶，按照既定要求进行土壤样品采集。GPS 接收机将自动记录样品采集点的位置信息，并精确地测定出来，输入计算机，计算机依据地理信息系统将采样点标定，从而绘出一幅土壤样品点位分布图。

监测作物产量：在联合收割机上配置计算机、产量监视器和 GPS 接收机，就构成了作物产量监视系统。如玉米产量监视器，当收割玉米时，监视器记录下玉米穗数和产量，同时 GPS 接收机记录下收割该株玉米所处位置，通过计算机最终绘制出每块土地的产量分布图，并与土壤养分含量分布图进行综合分析，可以找出影响作物产量的相关因素，从而进行具体的田间施肥等管理工作。

合理施肥：根据农田土壤养分含量分布图，可掌握目标区域土壤养分含量的丰缺情况。结合测土配方施肥模型，可计算出养分含量低的地块所需要的肥料种类和数量。在此基础上，结合具有地理信息的养分含量分布图，GPS 可精确定位到需肥地块，其不仅可实现科学施肥，还能避免因过量施肥而导致生产成本增加和环境污染等问题。

三、地理信息系统

地理信息系统（简称 GIS），是一门介于信息科学、计算机科学、现代地理学、空间科学、环境科学和管理科学之间的新兴边缘学科。地理信息系统是以地理空间数据库位基础，在计算机硬、软件环境的支持下，对空间数据进行采集、存取、编辑、处理、分析和显示，并采用地理模型分析方法，适时提供多种空间和动态的地理信息，为地理研究、综合评价、管理、定量分析和决策服务而建立起来的计算机应用系统。

GIS 在农业中的应用如下。

农业资源调查：基于农业资源地理数据库，实现空间数据库的浏览、检索等，利用 GIS 绘制农业资源分布图和产生正规的报表。

农业资源分析：GIS 技术已不限于制图和空间数据库的简单查询，而是以图形及数据的重新处理等分析工作为特征，用于各种目标的分析和导出新的信息，产生专题地图和进行地图数据的叠加分析等。

农业生产管理：主要是建立了各种模型和拟订各种决策方案，直接用于农业生产。

农业管理辅助决策：利用 GIS 的模型功能和空间动态分析以及预测能力，并与专家系统、决策支持系统及其他的现代技术（如 RS 和 GPS）有机结合，便于我国农业生产的管理和辅助决策。

四、传感器技术

传感器（Sensor）是一种检测装置，能感受到被测量的信息，并能将检测感受到的信息，按一定规律变换成为电信号或其他所需形式的信息输出，以满足信息的传输、处理、存储、显示、记录和控制等要求。传感器作为人机交流的工具之一，能够及时捕捉机器在运行过程中的各种信息，为人们的下一步决策提供技术和理论依据。

传感器技术在农业中的应用如下。

育苗及温室栽培：采用温度传感器、湿度传感器、pH 值传感器、光传感器、离子传感器、生物传感器、CO_2 传感器等各种设备，监测环境中的温度、相对湿度、pH 值、光照强度、土壤养分、CO_2 浓度等物理量参数，通过各种仪器仪表实时显示或作为自动控制的参变量参与到自动控制中，从而为农作物营造良好的生长环境。

粮食贮存：采用若干温度传感器对粮库各区域的温度适时检测，还可同时配置若干湿度传感器，对粮库各区域的湿度适时检测，所有温度及湿度信息将汇总到微机，微机根据收到的物理量参数适时自动控制各区域通风装置，从而实现温、湿度的自动控制。

果蔬贮藏保鲜：通过传感器采集库内的温度传感器、湿度传感器、O_2 浓度传感器、CO_2 浓度传感器等物理量参数，通过各种仪器仪表实时显示或作为自动控制的参变量参与到自动控制中，保证有一个适宜的贮藏保鲜环境，达到最佳的保鲜效果。

农业机械：应用传感器技术测定农机的性能指标及零部件的结构强度；用应变式传感器测定犁体的阻力，为犁体曲面设计提供科学依据，并且针对不同的土壤设计不同的犁体，以减少作业过程中的阻力，从而减少机械的功率损耗；精密播种机排种器上安装的光电传感器可随时监测堵种现象，保证农作物出苗率；自动灌溉装置中土壤温度、湿度传感器的使用，既保证了农作物的生长用水，又最大限度地节约用水。

五、射频识别技术

射频识别技术（简称 RFID）通过无线射频信号自动识别目标对象并获取相关数据，近年来发展十分迅速。它可以实现对电子标签的快速读写，并可对多目标和移动目标进行识别，通过与互联网技术结合还可以实现全球范围内物品的跟踪与信息的共享，由此可构建一个容纳和连结世界上所有物品的广泛的智能网络。

RFID 在农业中的应用如下。

农产品流通管理：RFID 技术具有自动、快速、多目标识别等特点，若在农产品上粘贴 RFID 标签，将会大大提高产品信息在产地批发市场零售卖场这一流通过程中的采集速率，提高农产品供应链中信息集成和共享程度，从而提升整个供应链的效益和顾客满意度。

畜禽产品安全监控：近年来，由于食品安全危机频繁发生，严重影响了人们的身体健康，引起了世界各国的高度重视，加强了对农产品安全生产的管理，对产品的识别与跟踪是重要内容之一。

养殖精细管理：通过 RFID 技术，可以识别畜禽个体体重、采食量、体况、产量、运动量、环境温度和湿度及养殖场的饲料存储数据等基础数据信息。

六、智能分析技术

智能分析技术是将农业产前、产中、产后过程中现有的数据转化为知识，帮助农业或农业企业、涉农政府部门做出科学决策的工具。属于该类技术的决策支持系统、专家系统等已经得到了广泛应用。

智能分析技术在农业中的应用如下。

决策支持系统：在农业生产宏观决策，农业生产单位的经营管理、农作物生产管理（包括园艺，海洋作物、渔业生产）、水土保持、环境管理（包括废物处理等）、自然资源综合管理、林业生产的计划与管理、畜牧兽医、农村工业和农机化管理、农产品商场销售、食品工程等农业系统的技术领域得到了广泛应用。

农业专家系统：专家系统已经被广泛地应用于作物栽培、动植物育种、施肥、病虫害防治、农业经济效益分析、杂草控制、储存管理、市场销售管理、作物轮作、森林环保、家畜饲养等方面，几乎遍及农业生产的方方面面，为发展高产、优质、高效农业做出了贡献。

七、智能控制技术

智能控制技术，主要用来解决那些用传统方法难以解决的复杂系统的控制问题，是控制理论发展的新阶段。在应用方面，智能控制可解决非线性、不确定和复杂的系统问题；在理论方面，智能控制通过符号、经验、规则来描述系统。

智能控制技术在农业中的应用如下。

设施园艺控制：温室智能控制系统、高效施肥喷药系统等设备和技术在设施园艺生产中进行应用，设施内部环境因素的调控由过去单因子控制向利用环境、计算机多因子动态控制系统发展，提高了产量和质量，保证了园艺产品的鲜活度和全年持续供应。

畜牧养殖控制：以自动化、数字化技术为平台，通过模拟生态和自动控制技术，每一个畜禽舍或养殖场都成为一个生态单元，能够自动调节温度、湿度和空气质量，实行自动送料、饮水、产品分检和运输。

水产养殖控制：养殖场配置水质实时在线连续监测装备，利用渔业养殖环境实时在线水质监控系统，实现远程数据采集和信息发布，异常水质实时监测报警，远程控制与调节输氧或水温。

随着信息技术在农业中应用的不断深入，应用将不再局限于某一独立的生产活动、单一的经营环节、某一有限的区域，而是横向和纵向拓展，覆盖农业生产、加工和流通的各个环节，为农户、企业提供专业化服务，提升农民和涉农企业收入。同时信息技术支持生产经营、经济发展、管理决策和农民增收的效果，将不再是星星点点，而是由点到面，由一个企业到一个行业，由一个小区域到一个相对较大的区域，将呈现一种效果普及化的趋势。

第四节　信息传播技术

改革开放以来，我国农村经济发展迅速，农民生活水平有了很大改善，对于获取信息进而改善生活水平有着强烈的要求。我国地域辽阔，东西差距较大，农村信息服务网络建设应结合现有的网络资源，利用成熟的技术，做到投资少、效益高，满足农民对信息的多方面的需求。

开展农村信息服务工作，需要强大的信息技术作为支撑。信息技术发展日新月异，新技术不断涌现，作为第一产业的农业，有着8亿农民的农村，迫切需要信息技术的普及渗透，借助现代信息技术武装传统农业，借助信息传播改变思想观念落后面貌，发展农村信息化，广泛推动农村信息服务实现，实现以农村信息化促进农业现代化的宏伟目标。因地制宜的结合现代信息技术应用，是开展现代农村信息服务的有力保障。

主要信息技术有：接入网技术（以太网、xDSL、HFC、无线接入）、无线寻呼网络、远程呼叫中心、数字电视、掌上电脑/个人数字助理 PDA、遥感技术（RS）、全球定位系统（GPS）、地理信息系统（GIS）、流媒体技术（视频音频点播）。

一、接入网技术

接入网主要实现用户家庭与核心网络的连接，目前宽带接入的手段比较多，较为成熟的基于有线方式的有：光纤、各种高比特率数字用户线 xDSL（如 ADSL、VDSL、HDSL 等）、基于有线电视网的光纤/同轴混合（HFC）方式、以太网连接等，基于无线方式的有 LMDS、IEEE802.11b 方式，以及正在发展中的宽带城域网 IEEE802.16 以及无线局域网 IEEE802.11a 等方式，电力线通信技术（Power Line Communication）简称 PLC 技术，通过接入网技术可以实现农村有电脑农户的互相联网（局域网）或访问互联网，从根本上解决信息传输的"最后一公里"难题。

1. 以太网接入方式

基于以太网技术的宽带接入网由局端设备和客户端设备组成，客户端设备提供与用户终端计算机相接的 IO/100BASE-T 接口。局端设备具有汇聚客户端设备网管信息的功能。在以太网中，通过机顶盒的方式在用户端可以实现三网合一，见图 2-1。

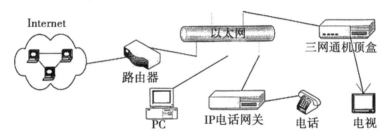

图 2-1　以太网接入方式

2. ADSL 接入

ADSL 是一种非对称的数字用户环路，即用户线的上行速率和下行速率不同，根据用户使用各种多媒体业务的特点，上行速率较低，下行速率则比较高，特别适合传输多媒体信息业务。ADSL 在信号调制数字相位均衡、回波抑制等方面采用了先进的器件和动态控制技术，它采用正交调幅（QAM）、无载波幅度相位调制（CAP）、离散多音频调制（DMT）等调制技术，通过对不同的业务和上下行信号采用频分复用方式，实现了在一对普通电话线上同时传送一路高速下行单向数据、一路双向较低速率的数据以及一路模拟电话信号，可直接利用用户现有的电话线路，在线路两侧各安装一台 ADSL 调制解调器即可。在普通电话双绞线上，ADSL 的典型的上行速率为 16~640kbit/s，下行速率为 1.544~8.192Mbit/S，传输距离为 3~6 千米。利用现有的 ATM 网来承载的 ADSL 接入方式，见图 2-2。

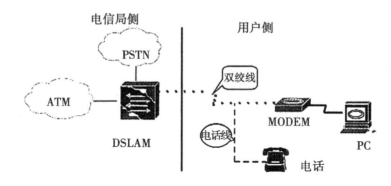

图 2-2　ADSL 接入方式

3. HFC 接入方式

HFC 网作为传输图像信息的网络其拥有 5~1 000MHz 的频宽，通常一个电视频道使用 6MHz 或 8MHz，例如 PAL 和 NTSC。数据传输也是利用一个频道的频宽作为载波承载调制的数据，故而一个传输数据信息的频道与一个传输图像节目的频道在物理上可等同看待。信息为了更为有效地传输需要利用相应的技术进行格式转换。目前 HFC 在一个 500 户左右的光节点覆盖区可以提供 60 路模拟广播电视，每户至少 2 路电话，速率至少高达 10Mbit/s 的数据业务。将来利用其 550~750MHz 频谱还可以提供至少 200 路 MPEG-2 的点播电视业务和其他双向电信业务。随着数字压缩技术和高效数字调制技术术在 HFC 网上的应用，又大大拓展了有线电视网络的频道容量和多功能服务的能力。

同时采用其他先进技术还可以实现在有线电视网络中传数据、话音和接入因特网服务。HFC 结构的有线电视网能够直接把 750MHz 甚至 1GHz 的带宽送入用户家中，提供了开展多种业务的频道资源。

通过 Cable Modem 技术实现的基于 HFC 网络实现三网合一的系统结构如图 2-3 所示。

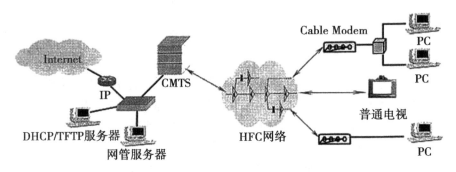

图 2-3　HFC 接入方式

4. 无线接入方式

无线接入的方式有很多，如微波传输技术（包括一点多址微波）、卫星通信技术、蜂窝移动通信技术（包括 FDMA、TDMA、CDMA 和 S-CDMA）、PHS 集群通信技术、无线局域网（WLAN）、无线异步转移模式（WATM）等，尤其是 WLAN 以及刚刚兴起的 WATM 将成为宽带无线本地接入（WWLL）的主要方式。与有线宽带接入方式相比，虽然无线接入技术的应用还面临着开发新频段、完善调制和多址技术、防止信元丢失、时延等方面的问题，但它以其特有的无须铺设线路、建设速度快、初期投资小、受环境制约不大、安装灵活、维护方便等特点将成为接入网领域的新生力量。无线宽带接入方式从目前的发展趋势来看，特别适用于用户分散地区，见图 2-4。

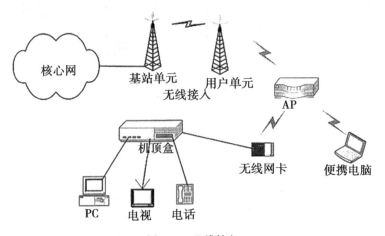

图 2-4　无线接入

二、无线寻呼网络

无线寻呼是无线单向通信技术，通过覆盖全国无线寻呼网及其发射机将信息发送到"无线农业掌上电脑"或"农业信息机"接收终端上，同其他移动通信方式相比，具有投入和运营成本低、覆盖面广等优势。随着互联网业务的发展，无线寻呼业务开始与互联网相结合，开拓信息定制业务。利用呼叫中心和寻呼网络，用户可以定制个人感兴趣信息，得到个性化的信息服务，网络中心也可根据用户类型和爱好，将相关信息主动发送给用户，实现主动信息服务，无线寻呼网络技术，为开展农村信息服务工作提供了良好的技术应用平台。见图 2-5。

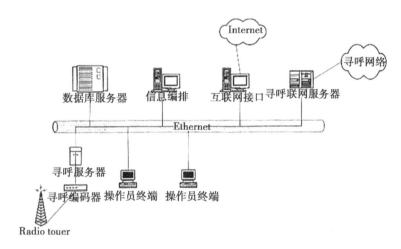

图 2-5　无线寻呼网络结构

三、远程呼叫中心

呼叫中心（Call Center）是通过电话系统，连接到信息数据库，并由计算机语音自动应答设备或人工座席将用户要检索的信息直接播放给用户。其传统的接入媒质是指电话语音，随着技术的进步，接入媒体的形式扩展到视频、电子邮件等形式，逐步发展成一种"信息中心"，使用户能够容易地获取各种所需的信息，是开展农村信息服务的有力工具。

语音自动应答是在用户拨通电话后，网络中心自动将 Web 服务器的信息进行语音合成，用户根据语音提示进行选择，服务器自动将用户所选内容通过语音的方式播放给用户。人工座席服务是农业专家或话务员接听用户咨询电话，若当时未能得到满意的答复，可在 48 小时内通过无线寻呼网将信息发送到用户的无线掌上电脑或农业信息机中。

呼叫中心采用 VoIP 的工作模式，即通过 IP 网关和呼叫中心网络运行平台的方式搭建系统，在呼叫中心内部使用 IP 数据网络，在数据网中集成了 ACD、IVR、CTI 等各种功能，其使用、调度通过软件进行控制，有效地解决了基于交换机方式成本高、系统构造繁复和不易扩展等问题，具有相当的灵活性。在实现长途通信上可以建立在数据网络运营商的系统上，以减低用户的使用成本和呼叫中心的运营成本，通过呼叫中心可以建立其跨地区范围的客户关系管理，在其基础上实现会员制运营，信息服务运营等有偿服务的管理运营模式。其结构见图2-6，应用示意见图2-7。

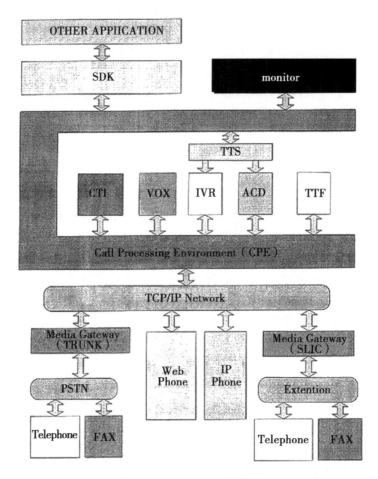

图2-6　Call Center 网络结构

四、数字电视

所谓数字电视，就是将传统的模拟电视信号经过抽样、量化和编码转换成用二进制数代表的数字式信号，然后进行各种功能的处理、传输、存储和记录，也可以用电子计算机进行处理、监测和控制。采用数字技术不仅使各种电视设备获得比原有模拟式设备更高的技术性能，而且还具有模拟技术不能达到的新功能，使电视技术进入崭新时代。

我国农村电视普及率高，通过加装机顶盒设备等相关技术改造，模拟电视可以"变为"数字电视，收看数字电视节目。变电视单向信息传递为双向互动式，通过数字电视技术，农民朋友在家中即可点播自己喜爱的农业节目，点播农业气象节目，点播致

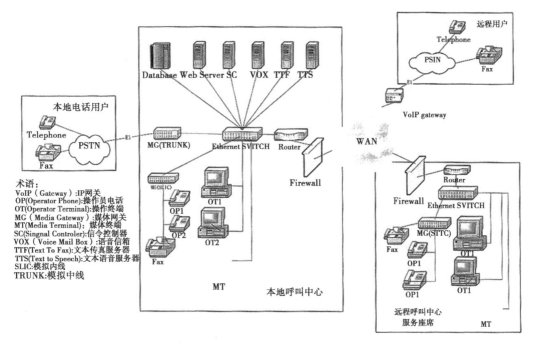

术语：
VoIP（Gateway）:IP网关
OP(Operator Phone):操作员电话
OT(Operator Terminal):操作终端
MG（Media Gateway）:媒体网关
MT(Media Terminal):媒体终端
SC(Singnal Controler):信令控制器
VOX（Voice Mail Box）:语音信箱
TTF(Text To Fax):文本传真服务器
TTS(Text to Speech):文本语音服务器
SLIC:模拟内线
TRUNK:模拟中线

图 2-7　Call Center 应用示意

富新技术节目，极大地满足农村生产生活需要，目前，我国数字电视技术应用才刚刚起步，相信数字电视技术将很快普及到我国广大农村，谱写我国新农村建设、农村信息服务的新篇章。

数字电视技术与原有的模拟电视技术相比，有如下优点。

（1）信号杂波比和连续处理的次数无关。模拟信号在传输过程中噪声逐步积累，而数字信号在传输过程中，基本上不产生新的噪声，也即信杂比基本不变。

（2）可避免系统的非线性失真的影响。而在模拟系统中，非线性失真会造成图像的明显损伤。

（3）数字设备输出信号稳定可靠。因数字信号只有"0""1"两个电平，"1"电平的幅度大小只要满足处理电路中可能识别出是"1"电平就可，大一点、小一点无关紧要。

（4）易于实现信号的存储，而且存储时间与信号的特性无关。近年来，大规模集成电路（半导体存储器）的发展，可以存储多帧的电视信号，从而完成用模拟技术不可能达到的处理功能。例如，帧存储器可用来实现帧同步和制式转换等处理，获得各种新的电视图像特技效果。

（5）由于采用数字技术，与计算机配合可以实现设备的自动控制和调整。

（6）数字技术可实现时分多路，充分利用信道容量，利用数字电视信号中行、场消隐时间，可实现文字多工广播（Teletext）。

（7）压缩后的数字电视信号经数字调制后，可进行开路广播，在设计的服务区内

（地面广播），观众将以极大的概率实现"无差错接收"（发"0"收"0"，发"1"收"1"），收看到的电视图像及声音质量非常接近演播室质量。

（8）可以合理地利用各种类型的频谱资源。以地面广播而言，数字电视可以启用模拟电视"禁用频道"（taboo channel），而且在今后能够采用"单频率网络"（single frequency network）技术，例如1套电视节目仅占用同1个数字电视频道而覆盖全国。此外，现有的6MHz模拟电视频道，可用于传输1套数字高清晰度电视节目或者4~6套质量较高的数字常规电视节目，或者16~24套与家用VHS录像机质量相当的数字电视节目。

（9）在同步转移模式（STM）的通信网络中，可实现多种业务的"动态组合"（dynamic combination）。例如，在数字高清晰度电视节目中，经常会出现图像细节较少的时刻。这时由于压缩后的图像数据量较少，便可插入其他业务（如电视节目指南、传真、电子游戏软件等），而不必插入大量没有意义的"填充比特"。

（10）很容易实现加密/解密和加扰/解扰技术，便于专业应用（包括军用）以及广播应用（特别是开展各类收费业务）。

（11）具有可扩展性、可分级性和互操作性，便于在各类通信信道特别是异步转移模式（ATM）的网络中传输，也便于与计算机网络联通。

（12）可以与计算机"融合"而构成一类多媒体计算机系统，成为未来"国家信息基础设施"（N11）的重要组成部分。应用示意见图2-8。

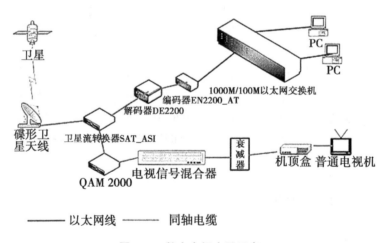

图2-8 数字电视应用示意

五、掌上电脑/个人数字助理 PDA

近年来，个人数字助理PDA（Personal Digital Assistant）和手持个人计算机HPC（Hand Personal Computer）相继上市，特别是面向特定应用领域的PDA，由于其特有的价格低、携带方便，操作简单等优点，应用领域越来越广。

PDA 是一个利用多媒体技术管理和存取个人信息的系统，它具有与计算机系统或公共通信网相联接的能力。具有以下特点：体积小便于携带，绝大多数 PDA 系统的体积都不大于 1 000 立方厘米，重量不超过 1.8 磅。具有一定的通信能力，有些 PDA 带有可与电话相连的插头，有些则带有用来连接 modem 的插头或内置的 modem，个别的 PDA 系统还可发送图文传真。具有简便的输入方式，很多 PDA 系统可识别手写体的文字或通过触摸屏进行输入。一些还带有设计精巧的键盘或外接键盘的插头。带有适合于个人使用的应用软件，还可装入和运行存储于 PC 卡上的软件。

PDA/HPC 在工业、交通运输业、邮电业、金融业、工程施工、商业交易、医疗卫生等都有广泛的应用。有人称 PDA 是货运司机的好帮手，绿衣天使的好伙伴，金融人员的随身宝，工程人员的小秘书，交易市场的顺风耳、千里眼，特别适合于工作现场的使用者以及工作场所机动性大的工作。应用示意见图 2-9。

图 2-9 PDA/HPC 应用示意

农务通是 PDA/HPC 在农业领域的成功应用典范。农务通通过集成大量农业知识而建立的移动式农业综合信息服务系统，具有农业管理辅助决策和农情信息查询等功能。可提供智能化的农艺管理、畜禽饲料配方和作物病虫草害和畜禽疾病诊断防治决策方案，提供 60 万~100 万字的农村实用技术和各种农业信息。

六、流媒体技术（视频音频点播）

目前在网络上播放多媒体信息主要有两种方式，一种是非实时方式，即将多媒体文件下载到本地磁盘之后，再播放该文件；另一种实时方式，直接从网上将多媒体信息逐步下载到本地缓存中，在下载的同时播放已经下载的部分，这就是所谓的流媒体技术。流媒体文件是经过特殊编码，使其适合在网络上边下载边播放的特殊多媒体文件。可以对音频文件、视频文件等多媒体文件进行编码，将其转换为流媒体格式。

流媒体播放方式：从用户参与的角度来看，可分为点播和广播两种方式。

点播指用户主动与服务器进行连接，发出选择节目内容的请求，服务器应用户请求将节目内容传输给用户。用户可以对播放的流进行开始、停止、后退、快进或暂停操作。点播提供了对流的最大控制。但这种方式由于每个客户段各自连接服务器，因此会消耗大量的网络带宽。

广播指的是媒体服务器主动发送流数据，用户被动接收流数据的方式。在广播过程中，客户端只能接收流，但不能控制流，这种方式又称为直播。

从服务器端传输数据的方式来看，可以分为单播、多播和流媒体技术 3 种发布方式。

单播指在客户端与媒体服务器之间需要建立一个单独的数据通道，即从一台服务器发送的每个数据包只能传送给一个客户机。单播是一种典型的点对电传输方式。每个用户必须分别对媒体服务器发送单独的请求，而媒体服务器必须向每个用户发送所请求的数据包拷贝，每份数据拷贝都要经过网络传输，占用带宽和资源，如果请求的用户多起来，网络和服务器将不堪重负。

多播又称组播，是一对多连接，多个客户端可以从服务器接收相同的流数据，即所有发出请求的客户端共享同一流数据，从而节省带宽资源。多播将一个数据流发送给多个客户端，而不是分别发送给每个客户端，客户端直接连接到多播流，而不是服务器。采用这种方式，一台服务器甚至能够对数万台客户机同时发送连续的数据流，而无延时的现象的发生。

流媒体技术（视频音频点播）是一种新兴的软件技术，发展迅速，是互联网视频传播的新技术手段，以流媒体技术为支撑的农业视频音频点播栏目，可以给农民朋友送去形象生动，通俗易懂，喜闻乐见的节目内容，必将受到广大农民朋友的喜爱。

第三章　农村农业信息服务模式与体系分析

第一节　农村农业信息服务模式

一、农村农业信息服务模式的内涵

农村农业信息服务的基本模式是指对信息服务的组成要素及其基本关系的描述。信息服务用户、信息服务者、信息服务内容和信息服务策略四个要素是信息服务的主要组成部分，是任何信息服务活动都存在的组成部分，只是彼此的关系程度和作用方式不尽相同。

农村农业信息服务模式中的四个要素的内涵如下。

1. 信息服务用户

一般农民、种养大户、中介组织、运销大户、批发市场、涉农企业等。

2. 信息服务者

各级农业政府部门、农业科研教育部门及各种行业组织和专业技术协会。

3. 信息服务内容

农业信息服务内容包括 6 个方面：农业资源信息；农业科学技术信息；农业生产经营信息；农业市场信息；农业管理服务信息；农业教育及农业政策法规信息。

4. 信息服务策略

利用互联网络为农民提供信息服务；与广播电视结合发布信息；与电话相结合发布信息；与寻呼机相结合发布信息；与科技进村服务站相结合发布信息；与报刊相结合发布信息；与乡村大集相结合发布信息；自办刊物与简报发布网上信息；与中介组织相结合发布信息；与乡村板报和小喇叭广播相结合。

二、农村农业信息服务模式的分类

依据农业信息服务模式的各个要素可以将农业信息服务模式分为：传统服务模式、网络服务模式、混合服务模式以及新模式。

1. 传统服务模式

农业信息服务的传统模式指通过传统媒体，如广播、电视及报刊等发布的农业信息，其特点是通过该模式发布的农业信息，全都是经过信息服务者经过挑选、分类、组织后，再分发给信息服务用户。该模式又可以分为以信息服务者为主的传递模式和以信息服务用户为主的使用模式。传递模式描述的是源于信息服务内容（信息系统、文献等）并以信息服务产品为中心的信息服务过程。

传递模式的特点是农业信息服务者通过对农业信息进行加工或建立信息系统，形成农业信息服务产品，并以某种农业信息策略提供给农业信息用户使用。在这一过程中，服务者的生产劳动使原有信息得以增值，信息服务产品的生产占有重要地位。传递模式关注信息服务产品的生产是值得肯定的，但不重视信息服务者的特定服务和信息用户的能动性及信息使用情况是其缺陷。

使用模式描述的是源于信息服务用户的信息需求并以用户信息使用为中心的信息服务过程。

使用模式的特点是农业信息服务者根据农业信息服务用户的信息需要，以某种策略生产信息服务产品并提供给用户，满足用户的信息需要。这是源于信息需要、终于信息需要的满足的过程。在这一过程中，信息用户对信息的需要和使用占有重要地位，信息需要成了服务活动的出发点和归宿，用户的信息使用是成了满足需要的重要保障。使用模式充分注意到了信息用户在信息服务活动中所受到的个性因素和社会环境因素的影响，重视用户信息需要的发掘和满足，重视用户对信息服务产品的选择，但没有注意信息需要是如何产生的、用户除了产品外还需要哪些特定服务等重要问题，因而服务效益经常受到影响。

问题解决模式描述的是源于农业信息服务用户当前有待解决的问题并以用户问题解决为中心的信息服务过程。

农业信息服务用户参与农业信息服务活动的前提假设是用户当前面临着有待解决的实际问题，并要寻求合适的信息服务的帮助，以求得问题的最终解决。农业信息服务者明白并了解这一点，对信息和信息产品进行加工生产，形成有针对性的信息服务产品，运用适当的策略把特定的服务和信息服务产品提供给用户，帮助用户解决问题。这是坚持用户导向性、以问题为中心的服务过程，是始于问题、终于问题解决的过程。

与"使用模式"相比，问题解决模式描述了用户信息需要的产生过程，以及为了解决问题所需的特定的服务。虽然都是从农业信息服务用户出发，但服务者的行为依据不同，前者以用户的需要为依据，后者以用户有待解决的问题为依据；虽然都要回归到信息用户，但对用户最终目的的假设不同，前者的假设是满足需要，后者的假设是解决问题。从农业信息服务实践角度看，我们认为问题解决模式更符合实际情况，更有利于信息服务活动的开展和积极的信息效用的取得。我们相信，传递模式和使用模式的信息服务不会消失，但其范围内的许多服务项目将转入问题解决模式，基于问题解决模式的信息服务项目会越来越多。这也是信息服务发展的必然要求和结果。

2. 网络服务模式

农业信息服务的网络信息服务模式是指信息内容通过互联网传播的信息服务模式。网络信息服务是随着互联网的诞生、发展而出现和流行起来的概念。在网络信息服务模式中，农业信息服务者先从互联网的海量信息中采集出对农业信息服务用户可能有用的信息，然后通过信息服务系统（网站、网络信息系统等）将这些信息发布给信息消费者，信息消费者通过网络访问这些已发布的信息，从中获取对自己有益的信息。

网络信息服务模式的优点是网络上存在大量的信息，如优良的种子信息、先进的生产技术、及时的农产品供求信息、价格信息等，这些海量的信息是传统媒体所不能比拟的。网络信息服务模式比较灵活，既可以以农业信息服务者为中心，也可以以农业信息用户为中心进行信息的组织和发布。但该信息服务模式对信息服务者的要求较高，他们必须掌握先进的信息技术，构建信息量庞大、功能强大、易于使用的信息发布系统，并保证所提供的数据是真实有效、及时更新的。另外，农民素质不高、信息化意识和利用信息的能力不强及网络成本较高，阻碍了信息化的普及。

3. 混合服务模式

农业信息服务的混和模式是指将传统模式和网络信息服务模式的优点整合起来，更有效地发挥信息的功能，造福农业。在混合模式中，农业信息的采集、加工工作由网络信息服务模式中的采集发布系统承担，而信息的传递则通过传统媒体及网络信息服务共同承担。网络信息服务的信息采集和信息发布系统，可以做到对海量信息进行甄选，做到发布的信息及时性。对于条件许可的信息用户，可以充分发挥网络信息服务模式的优势，而对于农业生产区域偏僻、分散，农村文化教育、经济相对滞后的地区，农业专业信息推广领域，传统媒体和传统信息渠道比网络信息渠道更有优势，它能有效的弥补基层中信息使用者的经济和素质状况的不足。既能解决信息的"最后一公里"问题，又能充分发挥传统媒体和现代网络媒体的优势。

4. 开创新模式

利用信息化技术开创农业信息服务新模式。飞速发展的信息技术和十分紧迫的农业信息服务，要求我们更加努力地学习和掌握信息新技术，创建农业信息服务新模式。建立以网络新媒体为基础的农业信息网站、农业信息短信、农业手机报、农业电子信箱、农业呼叫中心、农业电子显示屏、农业电子触摸屏、农业电视节目专栏、农业网络视频、农业信息专用接收机等多种农业信息服务新模式，有利于做好现代农业的信息服务，更好地为政府农业部门、农业企业以及农民（包括城镇居民）提供信息服务。

近几年，信息技术和信息服务技术飞速发展，IPV6、云计算、数字地球、物联网和框计算等也先后走入实际应用，利用互联网、电话、电视等网络新媒体开展农业信息服务的技术和模式多种多样。这里将目前综合应用较多的几种农业信息服务技术和模式简介如下。

（1）农业信息网站。网站用于农业信息服务是目前最多的一种形式。农业网站内容主要包括政府公开信息与农业新闻、农业市场信息与农业科技信息、政府网上办事、农业电子商务和网上互动。网站运营模式既有经营性网站，也有非经营性网站。营利性网站的赢利模式主要有：在线广告、电子商务佣金、会员收费、电信运营增值服务等。

（2）农业信息短信。短信因其方便快捷而得到了迅速的普及和发展。从2003年以来，各省不少县、市农业部门逐步利用农业短信开展信息服务。农业信息中心从2006年开始与移动公司签订了战略协议，利用农信通开展农业短信服务。农业信息短信服务的内容包括当前农作物（动物）生产（长）所急需的技术、农产品批发市场（特色市场、产地市场）价格和农产品供求信息等。手机用户可通过短信免费接收公益类信息和有偿订阅生产技术及市场行情类服务信息。

（3）农业手机报。农业手机报是农业短信的扩展和升级。由于每条短信的字数有限（中文不能超过70个字），对于字数较多的农业信息不能一次发送，只能分拆成多条。同时，短信不能发送图片，不利于用户直观理解信息。农业手机报内容丰富、图文并茂，特别适用于从事农产品生产、加工、流通、经营的高端用户。

（4）农业电子信箱。电子信箱有两类，一类是以互联网为载体，内容为文字表述的信息，是目前广泛应用的电子信箱；另一类是以电信线路为载体，内容为语音表述的信息，也被称为语音信箱。浙江省农业厅利用前一种方式开展农业信息服务，内容包括农产品种养加技术、农产品市场价格和供求信息等，注册用户达到了150多万个。后一种方式有其特点，如信息量较大、用户不需掌握汉字输入法等。目前在农业领域应用较少，有待进一步开发。

（5）农业呼叫中心。农业呼叫中心是农业部"三电合一"项目中的一个主要工具。呼叫中心依靠客服座席（包括接线人员和配套专家队伍）、农业技术数据库和自动应答系统，开展技术咨询与信息服务。从各省已建成的县、市级农业呼叫中心来看，总的效果还可以，但发展后劲不足。通过对辽宁省"12316'三农'热线"（农业呼叫中心）的考察，在进一步改革信息来源、及时更新贴近当前生产实际数据库、实行市场化运作的条件下，"三农"热线受到了农民的热烈欢迎，上线半年就接受了130多万人次的电话咨询。

（6）农业电子显示屏。电子显示屏适用于流动人员多、场地宽敞的公众场所，如农产品批发市场、农村集市、展示大厅等。电子显示屏建造简单、信息更新便捷、公众观看方便，是群众喜闻乐见的一种形式，是传统宣传栏、信息墙的替代工具。

在农业信息服务过程当中，非常适于农贸市场、农村集市等人员多而计算机网络还不够普及的地方。

（7）农业电子触摸屏。电子触摸屏主要用于政务大厅、政务中心等公众办事场所。信息管理人员及时将信息更新，查询人通过手指触碰相关条目，逐层查找，就很容易找到自己所需要的信息内容。农业电子触摸屏目前应用还不多，主要用在省市县级农业部门政务办事大厅，但其方便、快捷、自助的操作方式非常适于开展农业信息服务。

（8）农业电视节目专栏。农业电视专栏应用时间较长，从中央到地方电视台都有相应的窗口，在计算机网络和电话尚不普及的时代，是农民接收外界信息最主要的方式之一，但因为互动性能不够，电视节目缺少广告支持等原因，财力有限的电视台播放的农业类节目较少。数字电视节目播出后，虽然增加了节目互动能力，但相对于艺术、财经、影视类等栏目，农业电视栏目及播出时间仍然非常少。随着计算机网络的普及、电路带宽的增加和网站质量的提升，电视专栏在农业信息服务中的地位可能会下降。

（9）农业网络视频。最近几年，网络视频发展迅速，农业信息服务应用网络视频技术必将获得极大的发展。在计算机普及率提高、网络带宽增加的大环境下，农业部门、大专院校、科研机构、民间团体提供的免费类农业专业视频快速增加，农业生产者能够及时、主动的搜索所需要的视频信息和技术。这种融网络技术和视频技术于一体的农业信息服务模式，集中了方便、快捷、主动和直观等诸多优点，是今后开展农业信息服务的重要发展方向。

（10）农业信息专用接收机。专用信息接收机已出现多年，不少信息类技术服务公司和电信运营商都提供了产品，为用于农业信息服务，还开发了相应的接收芯片，集成了农业技术数据。国家农业信息化工程技术研究中心研制的"农务通系列产品 AHPC/APDA"集成了多种农业专家系统、农业实用技术咨询系统和信息查询系统，可在生产现场方便快捷地为用户提供农业实用技术、新品种信息、价格行情和病虫害诊断等服务。

三、国内外现状

在国际方面，以计算机技术为主的信息技术在农业领域已得到广泛应用。20 世纪 60 年代，计算机主要集中在计算机房，由专人操作使用；70 年代，计算机开始参与农场管理；80 年代，出现计算机联机服务；90 年代，进入网络化时代，以人工智能、3S 技术为依托的虚拟农业、精确农业已显端倪。进入 21 世纪，计算机技术已渗透到农业数据与图像处理、农业系统模拟、农业专家系统、农业计算机网络、农业决策支持和信息实时处理等各个方面。同时，其他信息技术也开始进入农业领域，如信息存储和处理、通信、电子网络、人工智能、多媒体、卫星定位、遥感遥测及地理信息系统等。

目前，国外研究的重点转向知识的处理、自动控制的开发以及网络技术的应用。研究主要集中在 4 个方面：一是数据库与网络。目前国际上普遍采用的方法是将各种农业信息加工成数据库并建立农业数据库系统。预计农业信息数据库将向多元化、全球化、商品化和多媒体化发展。此外，国外信息网络正在迅速向农村延伸和普及。二是精确农业。其发源于美国，是信息技术与农业生产全面结合的一种新型农业，是 21 世纪农业的发展方向。主要有全球定位系统、农田遥感监测系统等 10 多个系统组成，其中遥感技术已被欧洲、美国、日本等国家广泛应用于农业资源调查、农业生态环境评价、农林牧灾害监测等方面。三是专家系统。20 世纪 80 年代中叶以来，美国、日本、英国、荷兰等国相继在作物栽培、畜禽饲养、农业效益分析等方面研制出不少专家系统。从开发总量看，美国占近 80%。研究重点是：建立模型以描述农业生产中非结构化、非系统化的知识，最终建立以主要农作物、畜禽、水产为对象的生产全程管理系统和实用技术系统，促进农业生产的科学管理和先进技术的推广利用。四是虚拟农业。利用计算机、虚拟现实技术、仿真技术、多媒体技术建立数学模型定量而系统地描述作物生长发育、器官建成和产量形成等生理生态过程与环境之间相互作用的数量关系，在此基础上设计出虚拟作物、畜禽，从遗传学角度定向培育农作物，改变传统的育种和科研方式。目前世界上仅有少数几个研究机构开展此项研究。

在国内方面，早期对我国农业信息化及农业信息服务进行理论探讨的文章，主要有农业部信息中心董振江阐述了农业信息资源管理的原则、模式，分析了我国农业信息资源的管理现状。农贵新阐述了我国推行农业信息化的必然性，结合"金农工程"分析了我国建设农业信息化的基础设施、信息技术、信息资源、人力资源现状，提出了农业信息化建设的重点是信息资源网、信息基础设施和信息资源设施的建设。中国农业科学院的梅方权教授曾经提出我国农业发展的趋势。从现代农业走向信息农业，描述了信息农业的基本特征：农业基础设施装备信息化；农业技术操作全面自动化；农业经营管理信息网络化；之后，专家学者进一步分析了农业信息化的概念，提出农业现代化与农业信息化的叠加时期与叠加效应，农业信息化将会从农民生活消费、农业生产管理、经营管理、市场流通效率、资源利用率、生态环境6个方面带动农业现代化。与此同时，有关农业信息服务体系建设、网络延伸等问题进入人们的研究视野。

四、农村农业信息服务典型组织模式

按照信息服务的组织主体，可以分为政府主导、协会组织协调、科研教育系统与专业学会培训研讨模式、农业传媒的立体宣传等模式。

1. 政府主导模式

农村信息服务建设是一项利民工程，是解决"三农"问题的重要举措，因此，政府在推进农村信息化建设方面应起到主导作用。政府在资金、技术、人员等方面给农村信息化建设提供支持，投资建设信息基础网络，搭建信息基础平台，制定优惠政策，创造农村信息服务的理想环境。政府应积极投身农村信息服务建设中去，同时要积极做好农村信息服务引导工作，吸引企业，协会，学会，团体，农民经纪人积极参与到服务体系中来。在有条件的地方，组织建立"农业专家大院"，推行科技特派员制度。

2. 协会组织协调模式

当前协会发展较快，而且很多协会与大专院校和科研单位建立了广泛的业务联系。协会作为行业性团体组织，了解掌握行业发展动态，市场动向，熟悉市场变化，可以利用自身权威优势建立协会网站，定期发布行业性信息，编印会刊，促进信息交流传播，指导协调行业发展。通过发展协会会员可以建立与会员的良性互动机制，协会通过定期开展科技信息技术培训和交流分析活动，不断充实协会的信息量，同时从协会中筛选骨干作为科技信息员，及时把科技信息传到农民的田里、地里、屋里和心里，不断扩大信息覆盖面。组织行业性展会，集中传播信息，促进信息交流，促进行业的健康良性发展。

3. 科研教育系统与专业学会培训研讨模式

农业科研教育系统拥有丰富的教育培训资源，面向农村开展培训活动，开展继续教育、远程教育工作。专业性学会在本学术领域占有学术前沿位置，具有学术权威性，汇集了众多业内学术专家。当前，我国各级农业学会团体具有相当规模会员，学会了解掌握本学术领域最新研究成果信息，了解国际国内业界发展现状，学会经常举办各种培训班、研讨会、学术讲座、专场学术报告会等研讨活动，可以快速高效的传播先进科技成果，进行有效的技术培训推广工作，学会会员来自我国各个农业单位、农业企业或个人会员，信息传播辐射效果好，有实力的学会可以面向社会开展培训活动，可以建立网站进行信息宣传，广泛发展会员，可以举办专业性的研讨会，甚至交流交易会。

4. 农业传媒的立体宣传模式

我国农业新闻出版媒体单位，数量众多，报刊、杂志、出版社、网站、广播电视农业频道，编织了一张面向农村的立体宣传网，是农村信息服务的排头兵。

农业传媒单位拥有先进的信息传播手段，第一时间将党的农村政策送到农村，为农民送去需要的各种信息。农业传媒单位结合我国新农村建设发展需要，组织出版农村农民需要的各种书刊报纸等出版物，电台电视台制作农民喜闻乐见的农村节目，服务农业生产、农村经济、农民生活。

5. 农村合作经济组织

农村合作经济组织，农村合作社是农村信息服务的重要组织模式之一。

农村合作社，为农民服务，使农民能够以低廉的价格购置所需要的生产资料和生活资料，以较高的价格销售出自己的产品。给社员提供技术和信息，给社员提供机会和渠道。合作社是政府和农民的纽带，上情下达，下情上达，协助政府贯彻和落实农业与农村政策，把农民的意愿反馈给政府，为政府施政提供第一手材料。合作社是农民与市场、农民与龙头企业等的纽带，使农民有通畅的销路，商家有稳定的货源，为商家和农民架起一座双赢的金桥。合作社作通过培训社员，可以高效传播对口农技知识，信息传播效率高，辐射面广。

6. 示范户带动模式

农业科技示范户本身就是一个技术辐射源，农业科技示范户往往有着较强市场创新意识，具备市场风险意识，不少农业科技示范户尝到了新科技新技术新产品的甜头，从信息经济学的角度，科技示范户搜寻信息边际成本小于搜寻的边际效益，新信息的掌握拥有，使他们获得了更好的收益，科技示范户往往有主动引进新科技成果的主观意愿，这部分科技示范户，是新技术新成果新产品走向生产实践的第一检验员，在他们引进新技术新成果新产品试验的同时，就是最有说服力的示范典型。一旦试验成功，可以实现农业新技术成果的快速推广应用。从而有效地带动周围广大农民运用先进的技术与最新的市场信息进行农业生产活动。

7. 企业投资拉动

一些条件较好的企业建立网站，进行企业宣传、产品宣传、技术成果发布，并结合产业需求搜集、发布、利用相关技术信息、产销信息指导农户生产，不少企业网站提供留言板功能，直接实现了与用户的信息沟通和交流，在公司赢利的同时也部分解决了农民生产缺技术、销售缺市场的难题，促进了信息的传播。

8. 生产企业+农资经销商+农户的完全市场经济组织模式

当前我国农资经营领域已市场化，在这个发展中的全国农资大市场中，遍布城乡的农资经销商数量庞大，是市场一支重要的推广力量。农业新技术物化成果，主要通过农资经销商再到农民田间地头。部分农资经销商自愿承担起了农村信息服务组织者的重要角色。生产企业+农资经销商+农户的完全市场经济模式指的是，生产企业通过寻找经销商推广产品，经销商通过本地熟悉的示范农户安排进行新产品的试验，或在自留地进行示范，等试验结果出来后，如果试验表现好，不少经销商会筹划现场会，邀请农户参观，可以实现新产品快速推广进而获利的信息高效传播模式。我国不少地区，农资经营竞争从传统的价格竞争，转向服务领域的创新，经销商送农资到农户家中，配套开展农技咨询服务，针对性的开展信息服务工作。该模式中，生产企业通过经销商向示范农户传授新技术产品的关键技术信息，经销商向生产厂家反馈试验过程信息。信息流高效双向传播，信息流通过利益纽带自发组织实现，完全市场行为，符合厂家、经销商、农户各自经济利益需要。

这种模式在发达国家很成熟，美国、欧洲等国家的农资和农机公司，也经常定期和不定期地举办农业现场会，展示最新和最实用的农业技术信息，包括现场示范（Working Demonstration）、产品展销（Trade Exhibition）和技术讲座（Technical Seminar）等，以展示最新的设备和仪器，提供降低损耗和增加收益的技术服务，对农民进行现场调查，邀请农业专家举办实用的研讨会，目的是把农户和专家聚集在一起讨论和解决农业生产和管理中所遇到的各种问题。举行一些专题研讨会，就某一个新产品的使用，请专家和工程技术人员进行讲解和演示。美国大的公司都有技术推广服务部门对农户在其生产实践中出现的问题进行指导解决。农户可以打电话或用其他方式与专家进行交流。

五、促进新模式发展的各项举措

基于中国当前的网络发展状况，深入开展网络服务模式下新探索是大有可为的。

（1）鼓励手机制造商设计生产适用农业短信服务的农民手机。为满足农民和低收入阶层的需求，多家国际品牌设计和生产了专门的 LCA 芯片，陆续推出了农民手机，但使用效果并不好。政府应鼓励制造商生产既能不限制信息长度又能支持图片功能的适用于农业短信服务的农民手机。

（2）加强信息服务队伍和专家队伍建设。农业信息服务必须要有强大的信息服务队伍和专家队伍做支撑，将各类农业信息编辑加工成时效性强、针对性强、指导性强的实用技术和市场信息。

（3）加强信息资源共建共享，提升信息服务能力。发挥农业、林业、水产、气象、农产品商贸等涉农部门的信息资源与人才优势，制定适用于农业信息服务的分类编码标准，建设农业综合信息数据库共享平台。建设一批具有相当规模、实用的和定期更新的各类数据库，使全国各科研院所的新品种、新技术、新成果快速转化为现实生产力。

（4）探索适合国情的农业信息服务模式。农业是国民经济的基础，农业信息服务应是政府资助开展的项目，手机短信服务也同样。世界大多数国家都如此，包括农业相当发达的美国、法国、澳大利亚。因此，政府应该对信息资源服务商和移动运营商给予一定的成本和运营费用补贴，鼓励和支持各信息服务机构积极地探索适合国情的各种农业信息服务模式。

（5）利用新技术和新模式积极开展现代农业信息服务。利用信息服务新技术和新模式，努力开展面向政府、企业和公众的农业综合信息服务，是提高政府部门工作效率、增加农业生产效益和促进农民增收的一种重要途径，是建设各省农业现代化的重要推手。

第二节　农村农业信息服务体系

一、农村农业信息服务体系的概念

农业信息服务体系是以发展农业信息化为目标，以农业信息服务主体提供各种农业信息服务为核心，按照一定的运行规则和制度所组成的有机体系。农业信息服务体系与农业信息体系、农业市场信息体系不同。农业信息服务体系是农业信息体系的保障体系。农业市场信息体系则是农业信息体系的一个组成部分。农业信息体系的核心问题是研究组成该体系的农业信息资源的类型和结构，研究"是什么"的问题；而农业信息服务体系则是研究如何有效整合农业信息资源，从而为农业信息体系的建立和运行提供保障，研究"怎么做"的问题。它侧重于研究"主体的行为"，即农业信息服务体系的运行方式及农业信息服务主体如何提供信息服务。

二、农村农业信息服务体系发展现状

从 20 世纪 80 年代以来，我国相继开展了系统工程、数据库与信息管理系统、遥感、专家系统、决策支持系统、地理信息系统等技术应用于农业、资源、环境和灾害方面的研究，取得了重要成果。

我国农业信息服务体系建设在数据库、信息网络、精细农业以及农业多媒体技术等领域都取得了一定成效。与此同时，信息技术在我国农业资源调查、农产品产量估测、农业生产管理决策和病虫害诊治、农业科研成果数据处理和系统模型构建、农业生产过程自动化控制等方面也获得了成功的应用。先后建立了 100 多个农业智能应用系统，4 300 多家农业网站，提高了我国农业生产的科技含量及农业物料流通的效率和资源利用率。在经济比较发达的地区，如北京，GIS 技术和 GPS 技术已经被应用于农业生产过程了，初步形成以市属农业科研院所和农口局总公司为主体、以郊区县乡镇各个公司企业为补充的农业综合信息现代化网络服务体系雏形。

三、农村农业信息服务体系存在的问题

我国的农业信息服务体系在不同的侧面虽已得到发展，但是从总体来看，还很不完善，不能满足农业发展对于信息服务的需求。

第一，各层次农业信息服务主体的功能还没有完全实现，缺乏为市场、为农民服务的动力机制，信息服务对象、目标不明确，从而导致农业信息使用群体对于农业信息技术的运用程度和信息的获取及利用程度较低。尤其表现在广大的农民在市场中处于信息相对弱势的地位。据中国互联网络信息中心（CNNIC）统计报告（2004 年 7 月）的数字显示，在行业分布上，农林牧渔业上网用户仅占总数的 2.3%；职业分布上，农林牧

渔工作人员仅占 1.2%。

第二，农业信息资源的丰裕程度较低。信息资源越丰富，宏观监测越准确，信息管理能力就越强，智能化程度越高。可是，农业信息资源配置却还未达到优化的局面，现有农业信息交流渠道不畅，信息资源利用率不高；无用信息很多，有用信息却无法得到；网络化的信息资源配置方式还不够完善，信息网络进村入户问题——信息传播"最后一公里"的瓶颈问题没有很好地解决。这些都导致了农业信息资源的供需"缺口"，从而制约了农业信息服务体系进一步发展。

第三，农业信息服务手段不够多样化。表现为：一是媒体面向农民和农村的节目栏目很少。广播电视是最普及的传播工具，在传播涉农经济信息方面有巨大的作用。然而，涉农节目少与农民数量多两种情况之间形成了巨大的反差。二是书籍、报刊、杂志中，为农业、农村和农民提供服务的信息有限。三是提供文化信息服务的公共图书馆和书店大都设在城市，距离农民远，增加了农民获取生产经营信息的成本。

第四，农业信息服务成本较高，农民在比较自身效用最大化之后，不愿意选择先进信息服务方式。信息的生产、收集、加工、贮存、传递和使用都需要成本，从而导致农业信息服务到达农民手中的成本累积值更高，而我国农民生产规模小，收入又很有限，因此很难支付得起各种信息费用。农民的日常支出中用于非食物消费的比例仍旧很低，这就造成了信息产品的选择几率更低。

总之，我国农业信息服务体系的建设还远不能满足农业发展需要，农民的实际信息需求还非常小，农业信息服务体系的建设还需要整体规划。因此，研究建立农业信息服务体系，已经成为国家和地方各级部门、各类农业组织的迫切需要。

四、农村农业信息服务体系建立原则

1. 从农村信息分类入手，建立相适应的服务机制

农村需要的信息可以分为经营性信息和非经营性信息，非经营性信息是公益性服务所应提供的信息。公益性服务是由农业的外部性和农产品的公共物品特性所决定的，绝大部分农业技术如栽培技术、耕作制度、种植技术等具有公共物品特性，在发达国家这些服务都是由政府投资来提供的。经营性信息的提供可以采用市场的办法提供，如农业信息服务中很多物质化的科技成果，种子、农药、化肥等产品的推广却完全可以用市场机制的办法来加以解决。基于农村信息的这一特点，应分别建立公益性信息服务机制和经营性信息的服务机制。

2. 建立公益性服务和经营性服务相结合的农村信息服务机制

当前我国农村信息服务网络已初步形成，但存在着重复建设、设备利用率低、服务质量不高和信息资源不足的问题。当前我国的涉农网站已超过 9 000 个，但网站内容雷同、信息采集重复、信息源匮乏等现象比较严重。没有建立与我国农村信息服务需求相适应的信息服务机制是主要原因。政府投入资金，应侧重公益性信息服务为主，而不是过多介入经营领域。

3. 发挥政府在服务机制建设中的领导作用

公益性信息服务机制的建立，需要政府投资，开展网络平台建设、内容建设、传输渠道建设，涉及已有信息服务资源的整合，没有政府统一领导协调是无法有效实施的。经营性信息服务机制建设，涉及市场法规建设、制度建设、市场监管、解决市场失灵等，是政府的重要职能。

4. 加强公益性服务的投资建设力度，搞活经营性服务市场

公益性信息服务领域政府要承担起重要的角色，加大投资建设力度，努力建设传输渠道，丰富信息内容，通过农村公益性信息服务建设，有效提升农民的整体素质，努力消除因公益性信息不对称造成的社会不公现象；能用市场机制解决的问题，就绝不用政府干预来解决。

5. 新建信息服务网络建设注重技术先进性与长效性

由于信息技术发展更新快，信息服务网络建设要有前瞻性，杜绝将淘汰技术手段的应用，保证网络建设长期使用。网络建设应整合现有资源，少投入多办事。

6. 做好农村信息服务的内容建设工作

有价值的信息，才值得传播，农村信息内容建设是农村信息服务的重要源头。政府应努力做好公益性服务信息的内容建设工作，保障内容时效性、权威性、实用性、新颖性。做好经营性信息的市场监管、信息过滤等机制。

7. 注重体系建设的开放性和广泛参与性

信息无国界，合理借鉴引进国外先进农村信息服务经验作法，要发挥传统渠道的重要作用，要动员社会力量广泛参与农村信息服务工作中来。

五、农村农业信息服务体系建设内容

内容建设是农村信息服务体系建设重点，主要为农村信息服务提供数据源。政府应牵头领导组织进行内容建设，保障内容的有效性，实用性。公益性信息是内容建设的重点，经营性信息基本采用市场手段解决，在传播渠道建设上应充分考虑经营性信息的传播需要。

1. 农村公益性信息内容建设

（1）政府应制定政策，保障公益性内容建设需要。公益性信息内容往往投资收效不显著，或缓慢，缺少政府的投入，很难开展持续工作，政府出台扶持政策，加大资金支持力度，保障农村公益性信息内容的质量高，信息新，科技含量高。

（2）调动相关单位积极性，积极投身农村公益性内容建设工作中去。出台措施，引导农业科研教育等单位积极投身到农村公益性信息内容建设中去，建立奖励机制，对在农村信息服务中成效突出的单位、集体、个人给予表彰。

（3）在农业传媒系统设立公益性信息出版基金，专门资助符合要求的各类图书、音像出版物或栏目频道。组织出版农村公益性信息服务系列出版物。

（4）各地农业信息中心是当地农业信息的扩散传播平台，要结合当地农业生产实际，结合种植作物、养殖品种，多发布种植指导、养殖指导、疫情动向等公益性服务信

息，把加强公益性服务信息内容建设，作为各地农业信息中心的重要工作之一，为当地农业生产提供高质量的公益性服务信息内容，抓好，落实，为农民做实实在在的服务工作。

（5）比较敏感的价格信息、市场信息等信息，应作为公益性服务信息的一部分，由政府相关职能部门分散收集，依托传输渠道，向市场公示，保障市场的平稳运行。

2. 农村经营性信息内容建设

农村经营性信息内容建设中政府仍起主要作用，经营性信息不对称主要表现在内容的失真，从源头保障信息的客观性、真实性尤为重要。政府应制定政策、法律法规，对败德行为进行有效约束，防范市场失灵。建立信用系统，对市场参与主体进行约束。倡导诚信经营理念，减少败德行为的出现。

建立奖惩机制，对诚信经营的企业不光予以表彰，还要给以奖励，对出现败德行为的企业予以惩戒，使守法经营的企业可以获得额外经济收益，减少坑农害农事件发生，保障农民利益。

3. 农村公益性信息服务平台建设

农村公益性信息服务平台是政府服务农村的窗口，通过建设农村公益性信息服务平台，向我国广大农村提供信息服务，服务我国新农村建设。

农村公益性信息服务平台是政府牵头，整合农业相关信息资源，协调相关部门，以现代信息技术作为主要支撑手段，打造的统一服务平台。

目前我国与发达国家农村信息服务差距最大的是信息资源建设方面。因此，要对农村信息资源进行总体规划，在建立信息标准的基础上，开发与整合农村信息资源。基于统一的技术标准，进行资源整合，围绕农业标准化和农产品质量安全进行信息资源建设，搜集、整理相关的资源环境信息、品种信息、生产技术信息、市场信息、政策信息等，利用数据库技术进行管理和维护，建立一批共享农业信息资源数据库，充实农村公益性信息服务平台建设。

（1）农业生产资源环境信息。是指采用遥感和地面普查相结合的方法定期采集土地、水资源、农业工程、农业机械、农业气象、病虫害、环境污染等信息。正确、及时地了解农业资源和环境变化，制定相应的政策与对策；帮助农民了解本地区农业资源的优势，合理安排农业生产布局，发展特色农业；引导农户使用技术先进的环保农用生产资料，促进当地农业生产可持续发展。

（2）农业生产供需信息。主要包括种子、种苗、农药、化肥、农具、饲料及其原料等信息。帮助农民选择适合当地农业生产实际需要、性价比合理的农用生产资料，规范农用生产资料市场，减少生产资料的供需矛盾，杜绝劣质农资泛滥，保护农民利益。

（3）农业生产信息。包括种植面积、长势、产量、存栏量、管理状况等信息，帮助解决在生产过程中可能遇到的各种各样的难题，有效地调整农业产业结构。

（4）农产品供求市场信息。主要包括各种农产品的销售数量、价格及各地农产品行情信息。帮助农民及时了解国内外市场行情，有效地进行产业结构调整，对市场做出及时准确地反应，提高优势农产品及其加工品竞争力；帮助管理部门使各地农产品销路畅通、供销协调。

（5）农产品加工信息。主要包括农业加工品的种类、生产规模及其市场状况等信息。引导农产品加工企业形成合理布局和规模经营，在多层次转化中着重发展精深加工，使农业走上专业化、基地化、商品化的路子。

（6）农村科技信息。包括农业科技成果、科研动态、科技开发项目、新产品、新品种、农业栽培技术、农副产品先进加工技术、招商引资、农业科技人才等信息。强化科技兴农思想，加快农业科技成果的交流、推广和应用；使农业科研部门和高等院校更好地适应农村科技需求，加强农业科技的研发、协作和服务。

（7）技能型人才和劳务信息。开发农村劳动力资源，为农村经济发展创建良好的人才环境和教育机制，培养造就一代懂技术、擅经营、会管理的新型农民。

（8）农业综合决策分析信息。这是指进行信息挖掘、归纳、推演、预测等，形成农业专家系统，提供深加工信息产品。对农业生产提供咨询决策服务，指导农民科学种田，培训基层农技人员等。

（9）农村管理决策信息。这是从多层次入手，针对不同层次不同目标得出不同的农村管理优化决策方案。使农村行政管理、农业生产管理、农业科技管理、农业企业管理等部门相互结合，形成合力。

（10）农村政策和文化信息。帮助农民及时了解国家的政策方针、法律法规，以及现代社会发展的科学思想、科学知识，提高农民的文化素质和执行国家政策的自觉性，丰富文化生活，促进农村精神文明建设。

4. 经营性服务机制的建立

农村信息服务机制的建立包括建立公益性信息服务平台运行机制和农村信息服务的经营性服务机制。政府在公益性信息服务平台运行中发挥主要作用。

农村信息经营性服务机制的建立是伴随着这我国农村市场经济发展而建立起来的，是主要通过市场手段建立的。政府制定法律法规，市场规范，进行市场管理，市场监督，建立信息档案，设立奖惩机制，对市场行为进行约束规范，保障农村信息服务的良性发展，服务于新农村建设。

六、农村农业信息服务体系主体类型

要素是组成系统结构和功能的基本单元。农业信息服务体系由执行一定功能的主体构成。主要包括公共服务组织、农村合作组织、企业以及个人。

（1）公共服务组织。公共服务组织主要包括各级政府和国家事业单位。政府是指国家、地方（省市）、县、镇（乡）、村级政府部门。国家事业单位包括由各级政府设立的有关农业信息服务的机构和组织。如农业部以及地方政府设立的农业信息中心，农业科研院所、农业大专院校等。

（2）农村合作组织。农业社会化服务体系中对合作服务组织的定义是：由农民组织起来的各种类型的合作经济性质的服务组织；也包括双层经营体制中统一经营层次所设立的服务组织，还包括各种专业的合作社服务组织。农业信息服务体系中的农村合作组织既包括专业的基层农业信息服务组织，如农业信息服务站；也包括信息化环境中的农业机构，如农业科技推广站。

（3）企业。企业性质的农业信息服务组织包括涉农企业、从事信息化服务的 IT 企业。

（4）个人。从事农业信息服务的个人一般是指农村信息员、农业信息经纪人以及种养大户。

此外，国内的信息服务媒体以及国外的农业信息服务机构也是一种农业信息服务主体。前者主要是指广播台、电视台、报社和杂志社。后者主要是指国外驻华的从事各种农业信息服务的机构和组织。由于专业化较强，并且可以并入上述各种类型，因此本文不作具体分析。

七、农村农业信息服务体系主体功能

1. 政府

在现代社会经济制度体系下，政府与市场是两种最基本的制度安排。从国外农业信息服务体系的建设经验可以发现，政府的作用主要在于为农业信息化发展提供有力的制度保障。在我国，由农业的弱质性所决定，目前我国农业信息服务主要是公共物品，因此农业信息服务必然离不开政府。

整体来讲，政府在农业信息服务体系中的功能主要表现在 3 个方面。一是引导，二是协调，三是规范。政府通过制定农业信息服务目标、方针，创造良好的信息服务环境，引导农业信息服务向规模化、规范化和现代化发展。

政府的引导功能表现在两个方面。一是政府通过合理的制度安排，提供对农业信息服务的优惠政策，吸引各类农业信息服务主体。二是政府通过对农业信息服务体系所采取的政府行为例如转移支付等，引导农业信息服务主体的行为。农业信息服务涉及内容面广、综合性强，因而需要多部门的协同参与和支持。政府的协调功能表现为：通过协调整合各类资源，包括农业、国土、农机、水利、气象、教育以及邮电通信等多部门资源，提升农业信息服务的综合实力。当前，我国农业面临的形势更加严峻，建立和实施开放型、交流型、公平竞争性的政策法规环境，有利于维护农民的合法权益，提高我国农业信息服务体系的国际化水平。因此，政府的规范功能表现在：建立和完善农业信息服务体系规范的政策法规环境，抑制信息产品垄断，保护知识产权，规范服务行为，诸如网络安全管理，打击信息虚假行为。

但是，不同层次的政府部门，在农业信息服务体系的具体分工不尽相同。分别对其进行功能定位，有助于各级政府明确自身职能范围，还可以加强各级政府的密切配合。不同级别的政府部门在农业信息服务体系中的功能也不尽相同。

2. 事业单位

事业单位是我国经济体制完善过程中出现的特有名词。一般在国外，通常以"非营利组织（NPO）"或"非政府组织（NGO）"来表示。迄今为止，中国全部事业单位 130 多万个，其中独立核算的有 92.5 万个，事业经费支出占到国家财政支出的 30% 以上。在我国，事业单位主要组织形态分为 3 类：一是从事社会服务和公共事业服务的机构，二是从事推进社会保障、社会救济、慈善施助事业发展活动的机构，三是从事政府与企业之间沟通协调服务的机构。在学术研究中，通常把社会组织分为政府组织、营利组织和非营利组织，分别对应于政治领域、经济领域和社会领域。

中国事业单位进行改革后，应该成为从事社会事业和公益事业的、独立于政府和企业之外的非营利组织。其基本特点是：非政府、非企业、非赢利。

而在现代社会生活中存在 3 种运作机制，一是市场的自发机制，二是政府的强制机制，三是公共事业组织的志愿机制。政府和企业、政府和公共事业、公共事业和企业的交差区域分别为行业协会、社会中介组织和市场中介组织。由此我们可以看出，事业单位与政府和企业都有交差和互补。由于事业单位是一种不以盈利为目的的组织，因此其存在的前提是公共需求和公共利益。农业信息服务具有公共物品属性，因此，事业单位也是农业信息服务主体的重要组成部分。

在我国，从事农业信息服务的事业单位主要有农业科研院所和农业院校。科研院所的职能一般是通过构建科研资料数据库，将科研成果以农业科技信息的方式发布给信息使用者，其服务的手段是提供农业科研成果的信息化形式。农业院校在农业信息服务领域，主要是结合人才的专业特点，为社会输送大批农业科技人才和经营管理人才。

3. 合作服务组织

有观点认为，合作经济的经营特点是对内服务和对外盈利。对内服务是合作制的宗旨，对外服务是为了提高对内服务的效果。其本质属性有 3 个，一是留有公共积累，二是民主管理制度，三是按劳分配。随着合作经济的不断发展，"合作经济作为一种经济组织方式，其本质特征就是交易的联合"的观点更加普遍。

根据组织联结方式不同，农村合作组织分为官办型、民办型、商农合办型、工农联办型等几种形式。目前，我国全国范围内已形成多种形式的农村合作组织。服务对象主要是农民。

从事农业信息服务的官办型农村合作组织是指政府主办型的农业信息服务机构。这种合作组织通过引进技术和资金为农民提供服务。商农合办型是指由商业部门运用自身的信息优势，将从事某一专业生产的农户，在自愿互利的基础上联合起来，通过技术引进、开发、试验示范和培训农民，指导农户安排生产；同时，负责供应农用生产资料及销售农产品。工农联办型是指农业龙头企业带动农户型的农村合作组织，它能够将分散的农户组织起来，进行新技术推广。

民办型合作组织主要是农民自办型的合作组织，由农民技术带头人牵头组建。本着自愿互利、"民办、民营、民受益"的原则，将从事同一生产经营的农民组织起来，一方面以科研院校作为技术依托、引进开发先进的生产及经营技术；另一方面，面对众多的分散农户，合作组织进行技术推广，形成自我管理、自我服务、自负盈亏的科技服务模式。例如一些地方的农民协会就是民办型合作组织的典型。"行业协会能通过与行业内企业间的关系、与政府的关系、与社区的关系以及与其他行业的关系，完成市场机制和政府干预都做不了或做不好的任务。"因此，民办型农村合作组织更贴近农民，具有灵活、实际、方便的特点。

4. 企业

现代经济学理论对企业的主流解释主要是以科斯为代表的交易费用理论。企业同市场一样，是一种资源配置机制。企业的存在是为了节约交易费用，同时规模经济、专业化分工使得企业的生产成为可能。

作为农业信息服务主体的企业，应由 IT（Information Technology）企业和涉农企业构成。IT 企业是指专门从事信息技术开发和服务的企业。由于它具有专门的技术和专业人员，因此可以直接提高农业信息服务的信息化和现代化水平。然而，目前我国真正专门从事农业信息服务的 IT 企业为数很少，很多该类企业不愿意介入农业领域，原因在于不看好该领域的投资回报率，经营风险较大，这是造成目前农业信息服务领域的企业数量很少的重要原因。

涉农企业是从事农业生产、经营、销售或者服务业务的企业。涉农企业既包括各种从事农业生产的经营实体，又包括为农业生产服务的其他经济实体，如饲料厂、农机厂、农产品加工厂和农贸公司等。作为市场经济的微观主体，涉农企业通过实现自身信息化，包括生产过程的全面信息化以及经济管理决策的信息化，将农业的产前、产中、产后用信息化手段动态地整合起来，在农业信息化过程中将发挥重要作用。一是生产过程的全面信息化。农业的信息化必然促使农业的生产过程实现数字化、模型化、自动化。二是经营管理决策的信息化。通过专家系统、模型系统、决策支持系统等智能信息系统的开发应用，将使得涉农企业的生产、销售、服务、管理等环节得到优化。然而，我国涉农企业信息服务的质量尚有欠缺，也缺乏相应的管理和信息技术人才，企业的整体规模偏小、农业信息服务效率较低。为此，更应当深入研究企业在农业信息服务体系中功能，以利于农业信息服务主体的均衡发展。

5. 个人

从事农业信息服务的个人包括农村信息员、农村经纪人、种养大户和小规模经营农民。

农村信息员负责为农户提供解决生产中实际问题的信息服务。一般来说，农村信息员都是由乡镇一级的农村信息化中心或政府委派的固定人员担任。农村信息员的服务方式相对灵活，信息服务的针对性也比较明显。

农村经纪人是活跃在农村经济领域，以收取佣金为目的，为促成他人交易而从事农产品产供销中介服务的公民、法人和其他经济组织。农村经纪人是以个人为服务主体，在农业信息服务领域通过为农民提供信息服务来收取佣金，获得经济效益的个人。目前，我国农村经纪人队伍人数不多，这主要受农村经济发展水平所限。但它将是农业信息服务中的很具有潜力的农业信息服务主体形式。

种养大户在农业生产经营领域对周围农户起到辐射和带动作用，其所获得的信息也具有较高的认可度和真实性。种养大户若能在自己从事的生产活动之外，为普通的农民提供自己易于了解和便于掌握的生产信息，则能真正提高信息服务的效率。

小规模经营的农民首先应是信息服务的受益者。农业信息服务的终端收益群体就是农民。只有农民通过自己获得的信息富裕起来，农村和农业才能够获得切实的发展。但是，在广大农民享受信息服务的过程中，也可以通过动员和鼓励农民之间的信息交流和互动，彼此共享信息服务。这样能够起到"事半功倍"的效果。从这个意义来讲，农民也是信息服务的主体。

以上探讨了农业信息服务体系的各主体的功能，实际上，农业信息服务的效果和效率来自于各主体之间的良性互动。只有各主体之间形成和谐、统一又分工明确的功能结构，才能够真正实现主体为农业信息服务的目标。

八、农村农业信息服务体系结构层次

1. 全国农业信息服务体系结构

从中国目前农业信息服务体系的整体架构（图 3-1）可以看出，政府仍居于农业信息服务体系主体要素的核心位置，这主要是因为目前我国农业信息服务体系还不健全，各项服务功能尚待完善，因此在此阶段政府必然要承担主要责任，制定宏观指导政策、法律法规、提供公共基础设施和服务。政府与其他各主体之间的关系基本上是双向关系，即政府提供政策、制度和平台，而其他主体则主要向政府反馈各自负责的农业信息服务成果、提供基层农业信息服务的解决方案。

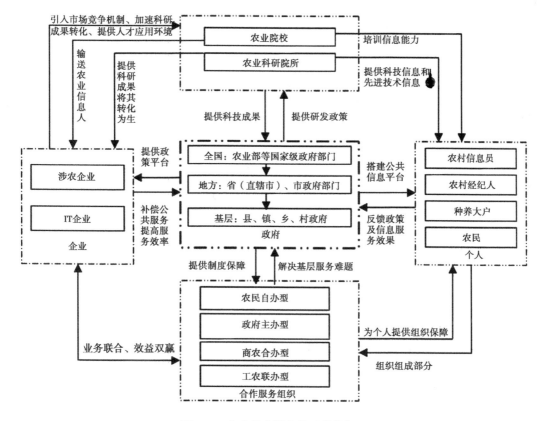

图 3-1　农业信息服务体系整体框架

国家农业信息服务体系是主体结构最完整、功能最全的体系。省市级农业信息服务体系在国家整体宏观指导下，可以运用区域资源优势，在充分发挥政府和社会各种信息服务组织的职能的条件下，建立起主体和功能完善的信息服务体系。对信息服务主体的范围、数量以及实现相应服务功能的研究，可以因地制宜并综合运用定性和定量方法进行。本文将着重研究基层农业信息服务体系的层次结构——县、镇（乡）、村农业信息服务体系。

2. 基层农业信息服务体系结构

由于基层农业信息服务体系直接面向农业、农村和农民，其发展程度直接决定着中国农村基层的信息化水平。因此，研究基层农业信息服务组织具有重要的现实意义。县、镇（乡）、村农业信息服务体系结构，不一定要像国家级、省市级的信息服务体系那样需要完善的主体结构和功能，但必须结合基层特点，有针对性的建立其结构模式。

（1）职能型农业信息服务体系结构。这种结构主要是依托于县政府（例如信息科室）而建立的相应的农业信息服务体系（图3-2）。其中，有些农业服务机构如农机站、种子站等，是传统的农业服务机构，但是在农业信息服务体系运行过程中，对农业信息服务也起着不可或缺的作用，因此也应将其纳入农业信息服务体系。信息中心一般是县政府设立的事业单位，专门从事信息服务工作，与县政府主管信息工作的部门存在协作关系。农业媒体如农业报纸、电视、广播则与农业信息服务体系是合作关系。其他农业信息服务组织，如农广校、农技中心等受县政府领导，从事相应的信息服务工作。

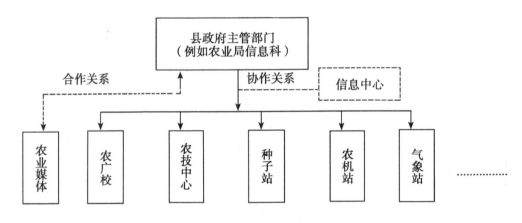

图3-2　县级农业信息服务体系

（2）直线型农业信息服务体系结构——信息服务站。信息服务站是指依托县农业部门成立县级信息服务中心，或者依托乡镇农村经济管理站、乡镇农业技术推广站、乡镇文化站等成立的乡镇级信息服务站。一般来说，在某一种或某一类农产品生产领域具有一定的规模且对信息需求较为强烈的乡村，村委会以及种养销大户成立村级信息服务点，然后再依托农民专业协会及农业产业化龙头企业等建立信息服务点。由此建立起较完善的县、乡镇、村三级信息服务组织。乡镇信息服务站建设要达到"五个一"标准。农业信息服务站是目前我国基层普遍采用的一种农业信息服务体系结构。但是目前信息服务站的资金瓶颈问题亟须解决。为此，区县政府首先要成立领导小组，统筹县域内农业信息服务工作。地方财政要对县、镇（乡）、村三级信息服务组织建设给予资金扶持，政府还要协调电信部门制定出台网络运营收费等优惠政策。此外，还需整合区县内的人力资源，成立专家咨询组，对种植业、养殖业、水利等方面给予专业指导；对农村信息员应适时地开展市场信息、计算机技术、农业技术的培训。最后要建立规章制度，使服务工作规范化、制度化。唯有如此，这种结构的信息服务才能更加有效、有用和有力。

（3）事业部式——农民之家模式。农民之家是政府组建的农业信息服务体系结构的形式。其功能主要是集农技咨询、农技推广、信息服务、经营功能于一体，内设很多服务功能区，因此相当于事业部式的组织结构。

它一般具有开放式的特点，服务场所一般设在区县繁华的地段。"农民之家"一般是把农业技术推广工作和信息服务相结合，提供"全天候、一站式"服务。所需资金、人力资源的投入较大，因此经济实力和规模较大的县或县级市可以采用这种模式。

（4）团队型——农民协会。农民科技协会实质上是一种农业合作组织。一般来说是指在某一类农产品生产规模较大、对信息有较强需求的县、乡、村，由农民中的种养大户或者政府相关部门负责人把生产同类农产品的农民组织起来，在其自愿的基础上成立农民自主管理的专业协会，由协会为会员农户提供技术、市场、政策等方面信息服务。有些还统一为会员农户购买生产资料、统一销售农产品。

农民协会的组织者一般来说具有如下特点：一是生产的专业性和规模化，二是具有较强的信息意识，三是具有合作与服务意识，四是技术和管理经验丰富。协会本身有一定的经营项目，以便通过一定的经济收益维持其正常的服务功能。但是农民协会必须得到政府给予的政策支持。下表为服务站、农民之家和协会三种结构的比较，可以看出其各自的特点。

表　3 种农业信息服务模式特点比较

特点	服务站模式	农民之家模式	协会模式
地理位置	广泛分布在农村地区，离农民较近	设在市（镇）区，离农民较远	分布在农村地区，离农民较近
用户	创办地区的农民、专业协会以及农业企业	创办地区内、外的所有农民、专业协会、农业企业等	协会内部成员
服务内容	提供涉及农村各种农产品的生产技术、市场行情、产品供求、政策法规等信息咨询服务。有些服务站也提供种子、农药、化肥等销售服务	不仅提供信息咨询服务，也提供农用生产资料的销售服务	一般只提供会员农户所生产的某类农产品的技术和市场信息等方面的咨询服务，有些也组织统一购买生产资料、销售产品的服务
组织者	政府农业部门，由农业技术人员组成的专家咨询组	政府农业部门，由农业技术人员组成的专家咨询组	农民自主管理、自主经营

（续表）

特点	服务站模式	农民之家模式	协会模式
经费来源	有较稳定的财政资金支持，能够开展较大规模的信息服务活动	有较稳定的财政资金支持，能够开展较大规模的信息服务活动	通过为农民提供农业生产物资取得经济利润来开支，较低的运行成本，服务提供能力相对较弱
优势	发挥了各级农业及相关部门人才资源及其他基础设备的优势	发挥了各级农业及相关部门人才资源及其他基础设备的优势	对某一类（种）农产品生产技术及市场信息方面有较深入的了解，开发市场有优势

上述几种模式是我国目前基层普遍采取的典型的体系结构，将来随着农业信息服务体系的发展，势必会产生更多的农业信息服务组织，使基层农业信息服务体系的结构更加丰富化，农业信息服务效率和效果会更加明显。本文在此提出另外两种基层农业信息服务体系的结构，以作参考。

（5）农业信息服务园区。目前，我国的农业科技园区在各地的发展取得了巨大成果。它是指在一定区域内，以数量型农业向效益型农业转变为目标，以市场为导向，以先进适用技术为依托，对不同类型地区农业与农村经济结构调整具有较强示范带动作用的现代农业科技示范区和现代农业科技企业密集区。

构建基层农业信息服务体系，同样也可以借鉴农业科技园区的做法，创办"信息服务基地"或"信息服务园"，由政府牵头选择固定场所、配置基础设施、搭建服务平台，吸引信息服务组织或个人入驻，开展形式多样的服务，同时要体现"以科技为支撑、以信息为手段"的管理思想。或者采取政府投资运营一体化，或者政府投资、其他组织运营的方式开展公益性和收益性相结合的服务。

信息服务园区要成立自己的信息中心、管理中心以及服务中心，分别负责园区内部的信息资源管理、日常的运营管理以及对农业信息服务组织提供服务。

在日常农业信息服务园区的运营当中，服务中心为入驻的各类农业信息服务组织提供所需的服务。入驻的农业信息服务组织可以园区为半径，向外辐射，为周边的农民和农村提供信息咨询、培训等服务。园区内部的财务部门负责对农业信息服务进行科研立项，与金融机构共同设立滚动式的研究基金或项目。在此基础上，信息中心可以联合高校、科研院所开展可持续性的信息技术和服务攻关，并在本区县及时进行示范推广。人力资源部门除了负责管理和培训园区内部的信息员外，还要负责开展专家的选聘工作。即县政府以村镇为单位设立专家库，聘请技术专家和技术人员定期在农户家中开展服务。关于专家的薪酬机制，可以通过专家所在单位及区县政府共同协商决定，采取"专家自愿、成果优先示范"的做法。

（6）农业信息港。提供某一类或者综合类信息的网站就称为信息港。农业信息港是农业信息的综合门户网站。目前，全国各省市地区基本上都建有农业信息港，主要是以政府主管的农业部门作为主要维护和管理单位，通过整合资源来从事宣传、展示工作，以此形成的综合性农业门户网站。建立基层农业信息港，实际上在县、乡镇由政府或大企业建立本地的农业门户网站，提供农业各类信息资源，并可以连入 internet，在更大范围实现资源共享。在农民整体经济收入不高的地区，政府或大企业建立农业信息港，需要选择固定场所、固定人员和固定设备，这样农民可以到此获得网络服务，服务还可以包括提供信息技能培训。经济水平较高的地区，可以不设固定场所，而是由政府或企业提搭建网络平台，农民在家即可上网获得信息。

目前，农业信息服务体系的主体数量不多，没有形成一定的服务规模，影响了服务效果。为此，建议加强企业、农业院校、科研院所的服务作用。政府要创造良好的环境，让更多的企业能够参与到农业信息服务领域中来，带来市场机制的活力，有利于提高农业信息服务的多样化和高效率。同时，建议加强农业院校的基础地位。农业院校通过科技成果转化以及人才培养等方式，在一个地区能够形成巨大的服务半径，"大学+企业""大学+基地（信息园区）+农户""政府+大学+农户""企业+农户"等将是新型服务模式。总之，构建完善的农业信息服务体系，从国家层面上来说需要完整的主体类型和与之相适应的服务功能，从地方基础层面上来说应该寻找到合适的农业信息服务体系的层次结构，为推进全国农业信息服务体系的发展发挥作用。

第三节　思考与建议

一、发展形势

1. 四大机遇

我国农村农业信息化已经由起步阶段进入快速推进阶段，并迎来以下四个发展机遇。一是随着土地流转加快，农村劳动力成本增加，农民自主投入能力增强，以及农民专业合作社、涉农龙头企业迅速发展，农业生产经营信息化需求明显增加。二是农业管理服务信息化向泛在化、个性化和扁平化发展，具体体现在农业政务管理全面信息化、农业服务的个性化和扁平化、因需服务。三是物联网、云服务、移动互联等现代信息技术推动信息技术应用由单一化向集成、组装方向发展。四是随着农村农业信息化发展进入快速推进阶段，农村农业信息化运行机制向市场化运作方向发展。

2. 四大挑战

尽管我国农村农业信息化进入了快速推进阶段，但是也存在一些挑战。一是认识不到位，社会各界尤其是一些地方领导对农村农业信息化的地位、作用和重要性认识不足，对其社会需求、前景、发展思路不是很明确。二是投入不足，相比农村农业信息化在农业经济中的贡献，农村农业信息化人力、财力和物力非常不足，政策扶持力度更是捉襟见肘，历年一号文件都只在某一款提及，还没有形成单独的一款。三是农村农业信息化技术产品不成熟，缺乏稳定性、可靠性、准确性和可推广性，严重制约了农村农业信息化的发展。四是机制不畅，农村农业信息化哪些需要公益机制来支持，哪些需要市场化机制来运作目前仍在探索中。

二、发展思路

按照在工业化、城镇化深入发展中同步推进农业现代化的要求，以创新转变农业发展方式、促进农民增收，促进城乡统筹为目标，以"促生产、保安全、惠民生"为宗旨，坚定不移以"十三五"规划为指导，以重大工程（项目）为抓手，以重大政策（建议）为引导，以水平评测为导向，以体系建设为支撑，以立法（农业信息化促进法）为保障，深入推进我国农村农业信息化的发展。

三、重点任务

1. 以农业物联网技术为核心，强力推进生产经营信息化

（1）提升养殖业信息化水平。以推动畜禽规模化养殖场、池塘标准化改造和建设为重点，以农业物联网技术为主，加快环境实时监控、饲料精准投放、智能作业处理和废弃物自动回收等专业信息化设备的推广与普及，构建精准化运行、科学化管理、智能化控制的养殖环境。在国家畜禽水产示范场，开展基于个体生长特征监测的饲料自动配置、精准饲喂，基于个体生理信息实时监测的疾病诊断和面向群体养殖的疫情预测预报。以区域特色、品牌优质畜禽水产品为重点，推行畜禽水产品产地生长过程电子档案应用系统，结合畜禽水产品产地身份识别、产品质量认证、加工流通跟踪，推广普及畜禽水产品质量溯源管理系统，实现过程可控、责任可追、违法可究。

（2）积极推进设施园艺智能化。以推动设施园艺标准化、集约化、规模化为重点，努力开展农业物联网技术应用，推广普及基于环境感知、实时监测、自动控制的设施农业环境智能监测控制系统，提高设施园艺环境控制的数字化、精准化和自动化水平。围绕推动名贵花卉、特色果蔬、种苗的高产优质高效安全，推广面向设施园艺作物的生长状态、病虫害监控、土壤分析的实时感知和智能分析自动控制系统，实现园艺作物营养液配给、水肥药管理、病虫害诊断的精准化和智能化。围绕园艺整地施肥、除草施药、育苗嫁接、自动收获、分选分级等关键作业环节，推广设施园艺智能化装备，实现设施园艺生产的规模化、机械化和标准化。

（3）开展大田种植信息化示范。围绕农业物联网技术，大力开展大田种植业信息化示范，在国家粮食主产区推广土壤墒情分析、土壤肥力测试和气象环境监测系统，面向国家级现代农业示范区探索大田作物栽培的精确化和模型化，实现科学选种、播期预测和变量播种。围绕大宗农产品优势区域以及农垦经济示范区，推广智能节水灌溉、测土配方施肥、病虫害预警防治，推动农作物生产管理的精准化、高效化，促进农业增效增收。围绕重点农产品和重点区域，加强农作物苗情分析、灾情预警、产量预估等农情动态监测系统的推广应用，提高农业生产的科学管理、应急响应和优化调度水平。围绕小麦、水稻、玉米等主要农作物，着力提高农机跨区作业调度信息化水平，引导农机跨区作业有序开展。

（4）积极开展农产品电子商务。围绕重点农产品，大力发展各种类型的专业性、

综合性第三方农产品电子商务平台，引导第三方电子商务平台向集农产品信息发布、信用担保、网上支付、物流配送等于一体的全过程服务升级，实现农产品供给的集约高效。依托电子商务平台，大力发展订单农业，拓展农产品生产者与批发市场、农贸市场、超市等的对接渠道，形成稳定的农产品供求体系。推动全国性、区域性农产品批发市场、配送中心深化电子商务应用，促进传统农产品流通供应链的改造升级，加快农村现代流通方式和新兴流通业态发展。通过扩大宣传、加强培训、政策支持等多种方式，鼓励和支持农民主动使用电子商务，提升农民电子商务应用技能。加强农超对接信息化建设，丰富充实服务内容，拓展服务渠道，提高信息服务成效。

（5）推进农民专业合作社信息化。面向大中型农民专业合作社，逐步推广农民专业合作社信息管理系统，实现农民专业合作社的会员管理、财务管理、资源管理、办公自动化及成员培训管理，提升农民专业合作社综合能力和竞争力，降低运营成本。依托农民专业合作社网络服务平台，围绕农资购买、产品销售、农机作业、加工储运等重要环节，推动农民专业合作社开展品牌宣传、标准生产、统一包装和网上购销，实现生产在社、营销在网、业务交流、资源共享。根据农民专业合作社在基层农村信息服务中的重要作用，引导农民专业合作社开展面向社员和农户的信息服务，提供农业生产技术、农机作业动态、农产品批发市场价格和农资市场价格和质量等方面的信息，提高合作社服务农户的水平。

2. 深入推进农业宏观管理与决策信息化

（1）加强农业生产调度和应急指挥信息化。针对农情、灾情、行情和民情，构建农业生产调度和应急指挥信息系统，使之成为各级领导对农业生产实施动态监测和过程管理的重要手段，各级政府及时掌握农业灾情、组织抗灾救灾和恢复生产的重要方式，农业部门科学预测产量和正确判断形势的重要途径，提高农业管理水平和效率。通过GPS、无线网络、手机等手段建立农机作业指挥管理系统，拥有语音通话、信息查询和信息发布功能，可以对机车作业质量、作业进度进行监控和指挥调度。

（2）积极推进农产品质量安全追溯信息化。将农业龙头企业、农民专业合作社和"三品一标"获证单位100%纳入追溯管理范围，以追溯到责任主体为基本要求，以标识为载体，以信息化为手段，将生产环节的追溯信息向下游环节传递，并能够信息共享，基本达到"生产有记录、信息可查询、流向可追踪、责任可追溯"的目标。同时，加大农产品质量安全追溯宣传力度，不仅借助电视、报纸、广播、网络等媒体广泛宣传，而且要加强业务合作，引导社会企业团体利用标识载体进行商业开发，带动社会公众高度关注，并积极参与，以促进生产者自发进行内部追溯。

（3）完善农业信息采集体系。建立农业信息采集系统，实现部、省（区、市）、地市、县四级联网传输，为决策部门及时调查了解农情、灾情、行情和民情提供依据，做到关键农时季节"对上有信息、对外有声音、对下有行动"。进一步扩大农情信息固定监测点数量，由乡村农技人员按照统一的规范要求，对主要农作物面积、苗情、灾情、产量等情况进行定点监测，通过基点县农情信息系统上报农业部，实现农情信息的点面结合，互为补充完善。建立了定点监测与抽样调查相结合的信息采集制度，加大春耕、夏收、夏种、秋收、秋种进度以及重大灾情的调度密度。

（4）加强农产品市场信息服务。及时采集全国重点批发市场价格和交易量信息，编报批发市场价格指数。利用新的批发市场信息采集网络系统，及时采集主要农产品批发价格和交易量数据。探索通过手机、网站或其他有效办法采集信息，通过先行试验，总结推进。加快完善信息统计网络采集报送系统，不断提高数据审核能力和集成速度，尽快实现基点县调查数据的部级汇总推算。加强与中央电视台财经频道、中央人民广播电台的合作，及时播报鲜活农产品市场信息，扩大农业部信息发布的影响力。

（5）推进农村集体"三资"信息公开。构建农村集体"三资"监管平台，设立包括"三资"管理、报表分析、预报预警、统计查询、审批监管、辅助决策、"三资"公开等功能在内的省、市、县、乡、村5级平台，全程监控"三资"信息情况。在有条件的村级行政单位可设置触摸屏，方便农户查询本村资产概况、收支情况、农龄、集体土地收益、经济合同和政策文件，为农民群众提供民主管理与监督的先进手段。

3. 提高农业信息服务水平，益农惠农

（1）打造"12316"惠农平台。面向"三农"需求，按照"平台上移、服务下延、资源整合、共建共享"的基本原则，建设支持"语音、短信、视频"等多种接入方式，"综合性和专业性相结合，公益性和经营性相结合"的农村综合信息服务平台。在农村综合信息服务平台做好公益性服务的同时，按照"统一接入、单点登录、开放接口、资源共享"的原则，在有基础、有条件、有需求的地区，根据当地产业特色和区位优势，发展分布式产业信息服务系统，实现与农村综合信息服务平台的整合。

（2）拓展基层农业技术推广手段。充分利用广播电视、报刊、互联网、手机等媒体和现代信息技术，为农民提供高效便捷、简明直观、双向互动的服务。推动"12316"等"三农"信息服务热线向支持手机、电话、互联网等多种接入手段的"三农"信息服务平台升级，创新服务模式、丰富服务内容。依托现代农业技术信息咨询平台，推动移动智能终端深入田间地头，为农民提供现场农技服务，增强基层农技推广能力。充分发挥农村信息员队伍的作用，为当地农民收集、分析、供给有价值的政策、市场、技术、就业等信息，提供面对面咨询服务。

4. 加强体系与机制建设

（1）加强基层信息服务站点整合。按照"政府主导、社会参与、整合资源、共建共享"的原则，充分整合各级部门及组织的基层信息服务站点，根据"上面千条线，基层一根针"的方针，按照"五个一"（一处固定场所、一套信息设备、一名信息员、一套管理制度、一个长效机制）的要求，建设"一站多能式"的农村综合信息服务站，发挥其信息入户的桥梁和纽带作用。依托涉农龙头企业、农民专业合作社、农业科技园区（基地）、农资店、运营商基层服务点等实体建设形式多样的专业信息服务站，达到"有人员、有场所、有服务、有收益"的"四个一"标准，采用政府购买服务等方式，加强专业信息服务站的建设。

（2）提高农村信息员队伍素质。优先从科技特派员、大学生村官、村两委、一村一大、退伍军人、返乡创业民工、回乡退休干部与科技人员、农村教师等中选拔信息员，壮大信息员队伍规模。按照"会操作、会收集、会分析、会传播、会经营、能维护、能培训"和掌握互联网应用法律法规的要求对信息员进行培训，切实提高信息员组织开展信息服务的能力。建立农村信息员资格认证制度和绩效考评制度，完善农村信息员补贴政策，实现信息员队伍可持续发展。

（3）创新农业信息化投入机制。创新投入机制，广开融资渠道，完善以政府投入为引导、市场运作为主体的投入机制，按照"基础性信息服务由政府投入，专业性信息服务引导社会投入"的原则，多渠道争取和筹集建设资金，形成多元化的资金投入机制。

四、重大工程

1. 农业生产经营信息化示范工程

按照"示范、推广、逐步发展"的原则，以推进农业物联网技术为支撑，以畜禽养殖、水产养殖、设施园艺、大田种植、农产品物流物联网应用示范为重点，依托现代农业示范区、农民专业合作社、涉农龙头企业、种养大户开展示范工程，启动一批项目、建设一批基地、研发一批产品、培养一批人才，创新和熟化物联网技术在农业领域的应用模式，积极探索"购买服务"为主的农业物联网产品商业运营模式，可持续发展的机制和赢利模式。

2. "金农"工程二期

以农业管理信息化为重点，按照"自上而下、统筹部署"的原则，在金农一期农业监测预测、农产品和农业生产资料市场监管、农村市场和科技信息服务三大系统和一个农业综合门户网站的基础上，以生产调度和应急指挥、农产品质量安全、农业信息采集、农产品市场信息服务、农村三资监管为重点，自上而下建设农业电子政务系统，提高政府部门的决策水平和服务水平。

3. "12316"三农综合信息服务平台工程

以农业服务信息化为重点，按照"广泛覆盖、注重实效、灵活多样、服务主导"的原则，以三电合一平台和前期的"12316"平台为基础，加强资源整合，努力打造12316农业信息化品牌，不断促进农业服务信息化的省级，在建设层级方面，要以部为重点，打造国家级的12316"三农"综合信息服务云平台，在服务内容方面，要从过去的生产技术服务为主，逐步扩大到政策咨询、法律服务、市场商务等与农民生产生活相关的各个方面，在服务服务手段方面，要从电话咨询向手机短信、网络视频、现场指导等多种手段相结合转变。

五、政策建议

1. 成立重大工程专项

建议各级财政每年安排一定规模资金，成立重大工程专项，作为农村农业信息化发展的引导资金，重点用于示范性项目建设，选择信息化水平较好、专业化水平高、产业特色突出的大型农业龙头企业、农业科技园区、国有农场、基层供销社、农民专业合作社等，开展物联网、移动互联网、3G等现代信息技术在农业中的示范应用，以点带面促进我国农村农业信息化跨越式发展。

2. 实施农业信息补贴

目前我国已进入"工业反哺农业，城市支持农村"的阶段，"农机、良种、家电"等补贴政策的实施对刺激农村经济发展、促进农民增收效果显著，开展农业信息补贴必将大大推进农业信息化，建议国家开展农业信息补贴试点，率先在农业信息化示范基地实施信息补贴。

3. 出台农业信息化促进法

《中华人民共和国农业机械化促进法》已由中华人民共和国第十届全国人民代表大会常务委员会第十次会议于 2004 年 6 月 25 日通过。《农业机械化促进法》的出台，对确定农业机械化的地位，促进农业机械化发展起到了重要作用。鉴于农业信息化在改造传统农业、发展现代农业中的重要作用，希望国家尽快出台《农业信息化促进法》，明确农业信息化的法律地位，进而促进我国农业信息化跨越式发展。

4. 加快建设农业信息化标准和评测体系

农业信息化标准是农业信息化建设有序发展的根本保障，也是整合农业信息资源的基础，要加快研究制定农业信息化建设相关标准体系，建立健全相关工作制度，推动农业信息化评测规范化和制度化。农业信息化测评工作是全国及地方开展农业信息工作的风向标，是检查、检验和推进农业信息化工作进展的重要手段，要加快推进农业信息化测评工作，建立和完善测评标准、办法和工作体系，引领农业信息化发展。

5. 加强体制与体系建设

建议农业部成立农业信息化推进司，各省成立农业信息化推进处，自上而下加强农业信息化的管理，并明确各部门在农村信息化建设管理上的主要任务，明确责任，层层落实，强化对各项建设任务的全程监督和检查，做到领导到位、组织到位、措施到位，形成各司其职、密切协作的良好工作格局，为农业信息化建设提供体系保证。

第四章　国内外农村农业信息服务现状

第一节　国外农村农业信息服务现状

世界农业信息技术的发展已经进入农业数据库开发、网络和多媒体技术应用及农业生产自动化控制等的新发展阶段。在农业信息技术方面处于世界领先地位的国家有美国、法国、荷兰等，日本、韩国、印度等发展也较快。

一、美国

美国政府的信息机构在收集、分析、发布农业市场信息方面发挥了重要作用。美国农业部所属的国家农业统计局（NASS）、经济研究局（ERS）、农业市场局（AMS）、世界农业展望委员会（WAOB）、海外农业服务局（FAS）以及独立的首席信息官办公室（OCE）等机构，组成了美国农业部的信息收集、分析、发布体系，但各部门的分工十分明确。目前，美国的农业情报机构达740余个，已形成国家、地区、州三级信息网络。网络发达，协作有力。

美国农业基本上是以市场为导向的农业，农业信息服务对其更加重要，影响美国农业的主要信息是美国和世界农产品市场的价格和供求信息。为确保农产品市场信息的客观、公正，美国政府通过立法授权形式，将农产品市场信息收集、发布工作纳入美国农业部的政府职能。美国政府制定了市场信息计划，确定美国农业部的农产品市场局（AMS）为市场信息计划执行机构，其首要任务就是为农产品市场提供及时准确、公正的市场信息，包括供应、需求、价格、趋势、运输及其他相关信息，以促进市场的有序发展。

美国主要农业信息服务项目可以归为以下几类：市场新闻报告（news reports）、市场形势报告（situation reports）、展望和预测服务（outlook and forecasting service）、统计报告（statistical reports）和研究报告（research reports）。

美国农业部在全国有农业生产的州、批发市场、拍卖场、装运点等都设有市场信息办公室，各市场信息办公室的报告员都是联邦政府农业部农产品市场局或州政府的雇员，并且所有报告员上岗前必须经过农业部培训获得资格证书。

对于市场信息的调查，多数第一手资料都是从农业部派驻各州的职员和雇员处获取。信息调查的方式以直接向农户面对面询问、定时定点派员观察、用长途电话询问及让调查人填写邮寄表格等方式为主。采集和报告的时间都有严格规定，不能随意更改，特别是市场信息，每天都要从买卖各方收集。收集信息时，报告员要填写统一的表格，然后数据输入数据库，并根据收集到的信息写出当天的市场报告，再将数据和市场报告传到农业部农产品市场局。为了避免虚假信息，报告员要向买卖双方询问同一信息，以此来核实信息是否准确。

美国政府在市场信息收集、发布工作中严格遵守保密制度，主要体现在两个方面：一是依法保护企业利益，只发布汇总后的信息，不发布涉及企业及单个企业的商业秘密；二是农业部发布趋势信息前，要召开有关部门参与的信息磋商会，正式发布信息前磋商会所讨论的信息要严格保密，不得泄露，保证各方处于公平竞争的地位。

信息发布每天进行，具体发布时间依不同品种而定。传输途径包括：各广播电台、电视台、报纸、贸易刊物、商业信息网络、电话咨询服务等多渠道，各信息媒体都免费发布美国农业部的市场信息。

美国作为世界电子信息产业的第一大国，农业信息化是在信息技术和市场经济高度发达的背景下，与整个社会的信息化同步发展的。美国政府以其雄厚的经济实力，从农业信息网络建设、农业信息资源开发利用和农业信息技术应用等方面全方位推进农业信息化建设。美国在农业信息服务方面的主要特点有：①建立了强大的农业网络和丰富的数据资源；②农业决策支持系统得到广泛应用；③形成了完整、健全、规范的农业信息服务体系和制度。美国构建了以国家农业统计局、经济研究局、世界农业展望委员会、农业市场服务局和外国农业局五大政府信息机构为主体的国家、地区、州三级农业信息网。其中美国政府投入资金建设国家级农业农村科技信息群，如美国国家农业数据库（AGIUCO-LA）、国家海洋与大气管理局数据库（NOAA）、地质调查局数据库（USGS）等实行"完全与开放"的共享政策，给美国的农业生产带来了高质量、高效率和高效益。美国农业部长期提供全球120多个国家主要农产品的全球数量、国内产量、供求、价格变化等信息服务，另外，美国政府还支持建立了以普度大学为中心，与全国郡县合作推广的信息服务体制。

二、法国

法国是欧洲联盟内第一农业大国，世界第二农业和食品出口国，世界食品加工产品第一出口。其农业信息比较发达，具有集中、准确、高效的农业信息收集、处理、发布系统；具有多元复合的农业信息服务主体和多样化的信息服务形式；而且计算机及互联网使用已有相当好的基础，并有良好的发展趋势。

法国农业信息由国家农业部门集中收集、处理、发布。法国分为22个大区、90个省，农业部门分三级，即国家的、大区的、省的。国家农业部下达农业信息收集任务，大区农业部门负责组织和完成信息采集、汇总和上报任务，省农业部门协助大区农业部门完成信息采集任务。信息采集频度分为年报、抽样调查（每两年1次）、普查（每8~10年1次）、专题调查（根据需要）。指标体系有些是欧盟提出、有些是法国农业部提出。信息采集面比较宽，除种植业、畜牧业、渔业外，还有林业、食品生产以及农产品流通情况等。国家农业部生产与交流司市场信息处负责发布市场动态。大区农业部门在向国家农业部上报本区各种调查数据后，即着手向本区社会发布这些信息，同时对这些信息资源进行开发：组织力量研究，写出分析与预测报告，在本部门刊物上发表出去，社会有关传媒再据此转载或报道。国家农业部在完成汇总并向欧盟上报有关信息后，便及时向全国发布各种统计数据，接着向全社会陆续发表报告。由于交通、通信发达，法国大区农业部门和国家农业部发布的信息，用户一般当天就能得到。

法国非官方农业信息服务机构也比较发达，如农业商会、各级各类农业科研教学单位、各种行业组织、生产合作社和专业技术协会、民间媒体机构等。农业商会包括中央级农业商会、大区农业商会和省农业商会，他们均归国家农业部门领导，承担一部分政府职能。在法国农业信息服务方面，农业商会也具有很重要的地位，主要体现在传播高新技术信息，举办各类培训班，组织专家、学者讲课和发表文章，协助农场主做好经营管理等；各级各类农业科研、教学单位如国家农学研究学院、农业机械乡村工程及水利、森林中心、国家兽医和食品中心等，都是面向市场的产学研一体化机构，他们收集、传播和直接利用大量农业科技信息，具有培养学生和面向社会提供咨询两种服务方式；各种行业组织、生产合作社和专业技术协会都尽量地收集对本组织有用的技术、市场、法规、政策信息，供组织内部成员使用；在法国，信息媒体一般都是私营的（含股份制），如《法国农业》杂志社等，该杂志社年订出 20 万份，订户约占法国农场主的 40％。它还办有自己的局域网和广域网，凡订阅《法国农业》的用户，在订阅期间可以免费上网查询信息，在这个局域网上，可以查到法规、政策、世界农产品价格行情和当天最近的天气预报。

法国农业信息传播渠道通常是会议、广播、电视、报纸、刊物（含活页文选）、电话、传真、计算机及其网络，也有同时使用两种或几种传播媒介的。法国农业部门从上到下都有自己的信息数据库，有自己的计算局域网和广域网。中央农业商会和营利性信息机构如《法国农业》杂志社等非政府组织也都建有自己的信息数据库和自己的计算机局域网和广域网。

法国建立了全方位、多元化的农业信息服务体系。法国的农业信息主体很多，包括国家农业部门、农业商会、各级各类农业科研、教学单位及各种农业行业组织和专业技术协会、民间信息媒体和各种农产品生产合作社以及互助社，但不同主体在服务内容上侧重点各有不同，服务对象和群体规模也有所不同，具有良好的互补性。生产者经营者多种多样的信息需求，要求社会提供对号入座的全面的信息服务，任何一家信息机构实际上都不可能包揽全部业务，长期下来，即形成了多元信息服务主体共生共存的局面。在法国，官方的信息服务为财政支持，不收费；行业组织、专业技术协会的信息服务，属于其成员的自助、自我服务性质，一般只收取成本费；营利性机构的信息服务，通常是在生产者价格和社会平均利润的范围内收费。

三、荷兰

荷兰建立了以农民组织为主体的农业市场信息服务体系。在荷兰，农民组织在信息服务中占主体地位。荷兰农业的对外依赖程度非常大，很容易受到激烈的国际农产品市场竞争的影响，受到国际市场波动的影响。要避免这种风险，需要政府提供市场信息服务，指导有关农场、企业及时调整农业生产。为帮助荷兰农业规避上述风险，荷兰通过其遍布世界各国的大使馆农业处（40 多个）进行农产品市场调研，并为国内的农场、企业及时提供各种商业信息。荷兰农业信息服务的基础是有效的农民组织。农民组织不仅对科研、推广组织有影响，同时对政府也具有很大影响力。其中，"荷兰皇家养牛总合组织"（Veepro Holland）就是这一组织的代表之一。该组织是具有合作性质的牛种改良研究机构，它有装备精良的实验室、庞大的数据库和计算机网络，它可为全国养牛的农户服务，甚至能为农渔部和国家信息系统提供咨询。政府制订一项新的农业政策，也会征求此类农民组织的意见。因此，荷兰的农民组织在整个农业信息服务系统中，具有很大的影响力。

四、日本、韩国、印度

日本于 20 世纪 90 年代初建立了农业技术信息服务全国联机网络，可收集、处理、贮存和传递来自全国各地的农业技术信息，每个县都设有 DRESS 分中心，可迅速得到有关信息，并随时交换信息，政府公务员、研究和推广公务员、农协和农户可随时查询、利用入网的各种数据。除此以外，日本农林水产省信息网络（MAFFIN）是日本农业信息服务重要的网络系统，该网络与 29 个国立农业研究机构、381 个地方农业研究机构及个地方农业改良普及中心全部实现了联网，271 种主要农作物的栽培要点按品种、按地区特点均可在网上得到详细的查询。其中 570 个地方农业改良普及中心与农协及农户之间可以进行双向的网上咨询。网上数据库有 DNA bank、AGRIS、CAB 和 BIO-SIS 等。印度通过建立农村信息服务网络来推动农产品市场的建立和农村的发展，已经做了不少有益的尝试，在政策支持、信息传输渠道建设、数据库建设、网站建设、信息技术培训等方面取得了一定的成绩，形成了有自己特点的农村信息服务体系，农村信息服务主体和信息收集、处理、发布系统特征鲜明。

综上所述，各国农业信息技术应用水平差异较大，应用重点各有侧重；各发达国家通常具有自己的优势应用领域和发展重点，发展方向很明确。其中，美国农业信息技术领先，体系健全，资金投入充足，当前发展的重点是农业经营、生产信息技术应用；法国、荷兰等欧洲国家资源相对缺乏，技术先进，形成了多层次农业信息服务格局，服务主体多元化；韩国、印度等政府投资建设农业信息化基础设施，制定农村信息服务优惠政策，重视农业生产信息化应用。各国农业信息技术应用都有许多可供借鉴的经验，部分发展中国家的农业信息化虽然起步较晚，但是发展迅速，走出了各具特色的发展之路。

第二节 国内农村农业信息服务现状

一、发展概况

信息化是当今世界经济发展的大趋势，而信息技术的飞速发展不仅使农业产生新的变革，也广泛影响了农村的政治与文化生活。尽管目前还无法像城市信息化那样全面推进农村信息化建设，但是现代信息技术早已渗透农村经济、政治、文化、社会等各个领域，它与社会主义新农村建设全程相伴相随，在解决"三农"问题的过程中贯穿始终。随着我国农业进入新的发展时期，农村公共信息服务在满足农民信息需求、优化农业结构、加快农产品流通、增加农民收入等方面将起着非常重要的作用。20世纪80年代以来，我国科技部门无论是在信息传播高速公路的硬件建设方面，还是在农业信息平台和资源建设方面都取得了巨大的成就，令世人刮目相看。

1. 传统媒体功能得到必要的延伸

随着经济的发展，由电视、电信、广播为主组成的传统媒体得到了很大的发展。我国固定电话网络规模居世界第二位，具有传递信息的强大优势。我国的广播电视网已经成为世界第一大电视网络，是传播信息的重要渠道。可以看出，传统媒体极大地丰富了广大人民群众的精神生活。在未来社会的发展过程中，随着经济的发展，传统媒体的功能不仅可以得到进一步的维持，也将得到很大的促进和发展。传统媒体已经不再仅仅局限于报道新闻、时事和娱乐节目，而且开始传递各种科学技术信息，农业科技信息就是其中的重要内容。因此，进一步开发传统媒体的发展优势，发挥其分布广、容易为广大群众所接受群众喜闻乐见的功能，将会给农村信息化创建更有效的信息通道。

2. 互联网正越来越快的被百姓接受

互联网是面向计算机的信息交换和处理信息系统。随着该网络的快速发展和各项应用技术的开发，互联网已经成为传播各种信息的重要渠道，并在农业的发展过程中发挥着越来越重要的作用。

3. 农业信息网站发展迅速

我国各类涉农网站中，有专业、直接提供农村科技信息服务型的，网站所属行业和信息内容涉及18个大类127个子类，以市场信息、科学教育和政策与管理为主。比较著名的涉农网站有：科技部的"九亿网"、农业部的"中国农业信息网"等。调查显示，北京和沿海主要省份为网站集中分布区，其中北京、浙江、江苏、山东、广东五省市地域内网站占全国网站总量的近一半，西部12个省区市地域内网站占全国总数的14%。

4. 农村信息化数据库库容逐渐扩大

农村信息化建设需要大量的数据支持，我国在农业信息数据库建设方面进步很快。已建成大型数据库100多个，约占世界农业信息数据库总数的10%。其中最主要的成绩是由农业科研单位先后引进建立的CABI、AGRIS、AGRICOLA和FSTA数据库。另外，还建成了以中国农业科学院农业信息研究所为牵头单位的农业数据库和农业光盘服务网络。目前，我国农业信息数据库建设正朝着多元化、平民化、多媒体化、智能化、联合化和网络化的方向发展。

5. 覆盖全国的农业综合信息服务体系基本形成

近年来，我国农业信息服务平台建设取得了长足的进步，覆盖全国的农业综合信息服务体系基本形成。2010 年在全国 12 个省，22 个县新建"三电合一"综合信息服务平台，共建设了 19 个省级、78 个地级和 344 个县级农业综合信息服务平台。以农民专业合作社为核心的涉农组织构建起了满足自身需求，联系农民与外界的网络信息服务平台。北京市"221"信息平台、辽宁、吉林等省"12316"新农村综合服务平台等的运行机制日益完善，服务功能逐步增强，影响力不断提升。信息服务体系建设方面，中央部委及地方各级政府继续实施农业农村信息化项目和工程，新建和完善了一批以农村综合信息服务站、农村党员远程教育终端接收站点、村级商务信息服务站等不同类型的基层信息服务站点。投身于农业农村信息化建设的一批企事业单位利用各种方式建设了一批基层信息服务站点。截至 2011 年年底，我国已建立基层信息服务站点 100 万个。同时，各省在推进农业农村信息化的过程中，依托咨询热线、呼叫中心、信息服务平台以及各种信息化项目强化专家咨询队伍建设，专家咨询队伍发展迅速。地方各级政府继续从农业产业化龙头企业、农产品批发市场、农民专业合作社、村干部、农村经纪人、种养大户、大学生村官等群体中培养了一批农村信息员。截至 2010 年年底，我国农村信息员队伍已达 70 万人。

6. 农业信息服务内容主要以农业政策、农业科技和市场信息为主

目前，农业信息服务的内容主要以农户迫切需要的农业政策信息、农业科技信息以及农业市场信息为主，但是农业生产决策类信息资源较少。目前农业网站提供的市场信息反映现象的、原始状态的信息较多，经过综合加工、分类整理、分析提炼的信息少；反映过去和现在的信息多，对未来预测的信息少；登载的政策信息多，解读政策用于指导生产和经营的信息少；向公众提供付费增值信息品种和数量不多。因此，迫切需要进一步为农户提供他们需要的农业市场信息。

7. 形成了以政府为主导的农业信息服务机制

目前，我国的农业信息服务机制仍然是以政府为主导。在组织结构上沿用现有的从国家农业部、省农业厅、市农业局、县农技推广中心、乡镇农技推广站到基层村组织的多级农业信息服务体系，开展信息服务工作的动力主要来源于政府的行政干预力，即农技推广机构按照政府制定的农业信息服务计划开展信息服务工作，并以行政手段保证计划的实施和任务的完成。信息服务工作的资金投入主要是政府行为，以政府的财政"输血"为资金保证开展公益性信息服务。农业信息服务的受体主要为广大农民，服务方式是无偿服务。由于我国经济发展很不平衡，地域差异很大，在我国农村经济发展水平普遍较低、农民信息消费能力普遍不强的情况下，政府主导型机制仍然是我国现阶段农村信息服务采用的主要运行机制。

二、主要类型

根据农业的行业统计，农村信息主要需求类别有：农业技术、生产资料、品种信息、市场信息、农村生活、教育信息、政策法规、科研文献、基础数据、农业概况、农业新闻。归纳起来，农村公共信息服务可以分为两大类：一是满足农村经济发展的需求而提供的信息服务，二是旨在满足农民乡村生活需求而提供的信息服务。就全国而言，我国农村公共信息资源建设存在显著的地区性差异，特别是在广大的西部农村地区，由于受到交通、科技、人才等"瓶颈"问题的制约，难以很好地开发和利用信息资源发展农业生产，西部农村公共信息化程度的相对滞后很大程度上阻碍了西部地区的经济发展。

三、提供方式

由于我国农村经济发展具有地域不平衡性和差异性，农民获取公共信息的方式也各有不同。一般来说，我国农村公共信息服务的提供主要是通过报纸、广播、电视、农村信息中介、手机短信和网络等方式。在欠发达地区，由于国家信息基础设施建设的不足以及信息教育培训的缺乏，农民获取信息的途径仍就以传统的信息获取方式为主。而发达地的农民获取信息的方式则呈现多样化，除传统的信息供给方式外，农民还可通过网络、个性化定制的农民信箱和手机短信等较为现代化的方式获取各类公共信息。

四、存在的主要问题

第一，政府在农村公共信息管理与服务上的职能缺位。就农村公共信息服务来讲，当前政府及有关部门掌握着最为丰富的农业政策、科技与市场信息，且信息产品中多数是纯公共产品和准公共产品。因公共产品具有外溢性[①]，消费者搭便车心理及存在交易成本等特征，自发的信息市场无法使资源配置达到帕累托最优[②]，此时政府干预变得十分重要。由于目前我国农村公共事业发展不完善，相应配套的制度体系、人员及组织机构还很不健全，这造成政府在农村公共信息的提供和管理上的职能缺位，从而使得农村公共信息服务远不能满足农民的信息需求。

---

① 经济学把社会成本大于私人成本的部分称为外溢成本，把社会效益大于私人效益的部分称为外溢效益，这类现象统称为外溢效应。私人成本和私人效益是指从企业的角度计算产品的成本和效益。社会成本和社会效益是指从社会的角度计算产品的成本和效益。

② 帕累托最优（Pareto Optimality），也称为帕累托效率（Pareto Efficiency）、帕累托改善、帕累托最佳配置，是博弈论中的重要概念，并且在经济学，工程学和社会科学中有着广泛的应用。帕累托最优是指资源分配的一种理想状态，即假定固有的一群人和可分配的资源，从一种分配状态到另一种状态的变化中，在没有使任何人境况变坏的前提下，也不可能再使某些人的处境变好。换句话说，就是不可能再改善某些人的境况，而不使任何其他人受损。

第二，国家公共财政资源支持力度不够。从总体看，国家和省级农业信息设施建设已有了一定基础，但是投入不足问题依然很突出，不能满足农村经济发展对农业信息化的需求。由于国家对农村信息技术基础设施投资不足，农业信息网络建设还不够发达，特别是县、乡、村信息化基础设施非常薄弱，没有形成完整的公共信息服务技术支持体系。

第三，农村信息技术人才缺失。农村公共信息服务的发展需要一大批既懂信息技术，又懂农业科技和经济知识的复合型人才，然而目前农业部门从事信息工作的人员无论是数量还是质量都难以满足推进农业信息化的要求。

五、发展对策

科技能兴农，信息可致富。我国新农村公共信息服务体系建设是 21 世纪农业和农村发展的关键，其建设水平对统筹城乡经济发展，缩小城乡"数字鸿沟"，确保农村农业经济快速健康发展至关重要。因此，如何促进新农村公共信息服务的发展，应成为政府和社会重点关注的问题。

1. 发挥政府在农村公共信息服务建设中的主导作用

在建设社会主义新农村过程中，应统筹城乡经济社会发展，加大政府对农村公共信息服务体系建设的政策支持力度。同时加快农业行政管理体制改革，打破产前、产中、产后相互脱节的管理体制，把分割在不同部门的信息手段、信息资源和技术人员进行有效整合，并强化政府在农村公共信息服务建设方面的公共管理和服务职能。

首先，政府应加快制定优惠政策，同时加强农业信息立法，将农村公共信息服务的建设纳入法制化管理轨道，以保证信息质量真实、有效，防止信息误导，从而为农村公共信息服务营造良好的发展环境。

其次，政府应加大投资，通过整合共享信息资源，完善农村公共信息服务网络建设，丰富农村公共信息服务提供方式。结合我国农村经济发展状况，农村公共信息服务体系的建设尤其是信息服务的基础设施建设主要靠政府的支持。鉴于农户购置计算机等信息设施会给周围农户带来正的外部效应，建议政府对购置信息设施的农户进行适当补贴。

最后，政府应根据不同信息主体的信息需求及其走向，并结合当地实际情况，制定具有现实指导意义的农村信息服务体系规划。同时，通过各种方式鼓励、推动各类农技推广组织、农业信息中心、信息咨询公司等的发展，促使其开展好农村信息服务工作，以满足广大农民群众的信息需求。政府还应通过信息培训，增强农民对信息的认知、接受与分析能力，提高农民的信息素养，引导广大农民有效地利用信息和正确的消费信息。

2. 创新农村公共信息服务模式，探索良性发展的运行机制

目前，发达国家对信息技术实施结构治理，将政府管理的部分大型公共服务实行外包，这被称为"公私共营合作伙伴关系"的合作模式，即由承办商一般是电信运营商负责基础设施的建设及维护。而政府则强化信息系统和流程的整合，当服务交易数量达

到一定水平使价格降低后，公众就要为每项信息服务的交易支付费用。

在我国，农村公共信息服务体系是农村经济的重要组成部分，具有很强的社会服务功能。因此，应建立以政府为主导的多元化投资体系，加大农业信息化建设的投入力度，通过借鉴国外的经验，创新农村公共信息服务模式，探索良性发展的运行机制，以促进我国农村公共信息服务建设的发展。

鉴于我国农村地域辽阔，对信息产品的需求规模较大，农村公共信息服务的范围不断拓展，农村公共信息也呈现多元化，这就要求我们不断创新农村公共信息服务模式。第一，对具有纯公共产品特性的信息，政府负有直接投资和发展的责任，应由政府向公众无偿提供。第二，对具有准公共物品特性的信息，市场机制可发挥一定作用，但因农村公共产品的基础性、效益外溢等特征，政府应发挥主导作用。第三，对具有会员制公共品特性的信息，因其外部收益溢出的群体规模小且相对固定，许多国家对农村市场信息供应采取二级服务的方式：生产规模小的农民可以通过电视、广播免费获得基本信息；而贸易商和生产规模较大的农民，希望得到更加详尽的信息，则需要缴纳一定的费用，通过短信或电话等方式获得定向信息。第四，对具有私人产品特性的信息，政府可从体制、机制等角度将其推向市场，鼓励第三方企业面向市场，按市场经济规则提供相应的信息服务，并收取一定的费用。

因此，农村公共信息服务建设的新视角是：政府和企业共同参与农村公共信息的生产和服务的提供，用科学发展观来管理农村公共信息服务的发展，有效地推动实现信息化与"三农"发展目标的统一，共同构建和谐信息社会，从而加快推进社会主义新农村建设。

第三节 国内外农村农业信息服务情况的比较

美国作为当今世界电子信息产业的第一大国，电子信息技术的全面发展支撑了新经济的高速增长，其农村信息服务高度发达，其农业信息化发展的经验为许多发达国家模仿；日本作为因地制宜发展应用型农村信息服务的典型代表，其发展经历对区域农业信息化发展具有重要的意义；德国利用关键技术的发展带动农村信息服务；印度借助其软件产业的高速发展的契机，在基础设施落后的状况下，从农村信息需求入手，结合行政体系，采取公私合营模式走出一条可持续性解决农村"最后一公里"的新路。下面分别从几个具体的方面对国内外农村信息服务的发展轨迹进行了一些横向比较。

一、发展背景

美国的农业信息化和农村信息服务的发展是在农业现代化、信息技术高度发达、市场经济高度发达的背景下与其整个社会的信息化其他产业的发展同步发展的，农村信息服务不局限于信息服务，信息技术在农业生产中也发挥了重要作用；日本与美国等其他经济发达国家相比还比较缓慢，农业中计算机的利用水平远落后于其他产业，农村与城市的信息化存在一定差距，但是日本的农民对网络的认识程度较高，同时农业现代化、产业化程度较高；德国是在政府强力推动、大力参与的背景下发展的，农业信息化关键技术的高速发展甚至带动整个信息化进程；印度是在电信基础设施很不完善、电话和计算机普及率很低、农业的发展没有完成传统农业向现代农业的转变，农业市场也没有形成，但是软件业高速发展的状况下发展的，对农村信息服务主要停留在信息服务阶段，软件并没有在农业生产中发挥切实作用；我国农业信息化受到政府高度重视，"以农业信息化促进农业现代化"，农业信息化和农村信息服务是在传统农业向现代农业转变、信息技术飞速发展的背景下开展的。

二、发展路径

从农业信息化的初期开始，美国就领先其雄厚的经济实力，从农业信息技术应用、农业信息网络建设、农业信息资源开发利用等技术阶段上全方位推进。从自身的实际状况出发，日本选择因地制宜实用性的技术路径，在产品的实用性上大做文章，建立了农业技术信息服务全国联机网络。每个县都设有分中心，可迅速得到有关信息，并随时交换信息。凭借着市场销售信息服务系统和"日本农协"两个系统提供的准确的市场信息，每一个农户都对国内市场乃至世界市场每种农产品的价格和生产数量有比较全面准确的了解，由此调整生产品种及产量。德国由于抓住了一些关键技术，如模拟模型技术、计算机决策系统技术、精确农业技术等关键技术的研发和集成，不断开拓创新，最终形成了自身优势，带动了整个农业信息化的发展。而印度并没有从技术入手，而从农村信息需求作为突破口。泰国则抓住信息服务，利用农民生产专业合作组织为农民提供政策信息、技术培训服务等。此外，政府制定相关优惠政策，稳定农业科技推广人员队伍。我国在农村信息服务网络建设、资源建设和信息系统开发等方面全面开展工作，并密切跟踪国际农业信息技术的研究前沿，进行技术储备。

三、发展动力

美国、德国等发达国家发展农村信息服务和信息化的动力更多的来自市场，由于农业商品率高和出口比重大，受国内外市场的影响很大，离开了准确、及时、权威的信息，农业将无所适从。农民、农产品经销商和广大消费者，需要从微观角度了解各个农产品市场的价格和供求信息，从宏观角度掌握世界农产品市场的变化情况。满足这一客观需要，发达国家致力于农业信息化建设；日本则是致力于减小城乡差别，印度则是由于急需解决农产品的流通，实施农村信息服务的项目。我国农村信息服务是发展现代农业、繁荣农村经济、解决"三农"问题的内在要求。

四、优惠政策

美国政府是围绕市场来建立农村信息服务的政府支撑体系，政府对农村信息服务的建设的直接资金投入是网络体系建设、数据库建设和技术研发。

德国政府始终致力于农村信息服务的政策与环境、资金的支持和农业信息化基础设施的建设、数据库投入，途径是在推进网络技术应用中，设立一些计划项目，例如，推动中小学与因特网连接等。日本各种地域农村信息服务系统由政府投资，农产品电子商务由企业运作，精准农业则采取产、官、学合作进行的信息农业技术研究。印度农村信息服务的优惠政策通过购买计算机和软件减免个人所得税，下调因特网收费标准以及技术法案、降低农民获取信息的费用等手段支持农村信息服务的发展。泰国政府为了稳定农业科技推广人员队伍，鼓励他们深入到农村里去推广农业技术和传播农业信息，科技推广人员一般都被列入公务员行列，让他们与城市里的其他行业的同级公务员享受同等待遇，免除他们各种后顾之忧。

我国在农村信息服务方面的政策法规都极待加强，目前没有明确针对农村信息服务的优惠政策。

五、培训制度

德国十分重视计算机和网络技术教育与培训，在所有的学校开设计算机和网络技术课程，特别是促进妇女培训。

印度对教育和研发的经费不断增加，并把重点放在培养 IT 人才上。分层分类、多途径、多形式培养信息技术人才，尤其重视对农民和农村妇女的信息技术的培训。有些公司把培训后的农民留在公司就业。在印度，软件人才的培养主要有三条途径：一是公立学校培养，印度目前几乎所有的大学都增设了软件专业，除此之外政府还支持每个州新办一所"信息技术学院"，专门培养不同层次的软件人才；二是民办或私营的各类商业性软件人才培训机构；三是软件企业自己建立培训机构。印度独特的 IT 人才培养模式是领先于世界的，计算机行业平均每 18 个月就技术更新一次，印度许多培训机构能紧跟技术的发展，每年更新教材一次，甚至每半年更新教材一次，这样就可以把最新的发展与应用写进教材。同时，学校能及时地更新课程设置和课程设计，以保证学生可以学到最新的、实用的 IT 技术知识，做到学习的时间短、学习的目的明确，学到的知识适用。这样的结果是，往往培训人才还没有毕业就被软件企业一抢而空，从而促进了整个软件产业的飞速发展。

我国也非常重视农业信息技术培训，但是农业信息技术教育和培训资源主要还是停留在城市，对农民信息技术的培训还很有限，而且没有形成制度化。

六、立法保障

美国对政府信息工作制定了一系列相关的立法，如"1987 计算机法案""1996 信息技术管理法案（又称克林格—考恩法案：Clinger-Cohen Act）"和"2000 农业风险保护法案"等，保障了农业信息化的健康发展。日本为了保证信息的真实、可靠、及时，政府为批发市场的运行制定了一套严密的法律。德国为防止人们恶意攻击网络，制定电信法和信息服务法。欧盟在《Guidelines for Measuring Statistical Quality》中规定，欧盟高质量的信息的标准是：相关性（RELEVANCE），准确性（ACCURACY），及时性（TIMELINESS and PUNCTUALITY），可获取性和清晰性（ACCESSIBILITY and CLARITY），可比性（COMPARABILITY），一致性（COHERENCE）。为了保证信息的准确性，欧盟农业信息审核的所有阶段花费时间总计 15 个月。我国统计数据的质量虽然已经有了很大改善，但是许多人为因素仍然影响着农业信息的质量，"七分事实、三分估计"的局面还没有彻底改观。

第四节 国外农村农业信息服务对于我国的启示

一、加强政府对农村信息服务的统一协调和领导

从外国农村信息服务的情况看，在发展中国家如印度、泰国，提供农村信息服务的主体仍然是政府机构，私人机构是最近才发展起来的，而且绝大多数私人机构并未配备专门的统计和信息处理专家，也不具备大范围的进行数据统计调查和普查的能力；在发达国家，政府机构也是农村信息服务的主体，但是除了政府机构外，各类非官方机构也在农村信息服务和降低农业风险方面起到了很大的作用，例如美国的各类农产品协会，再例如欧盟的农产品保险业和期货市场的发展等。不过总体来看，提供农村信息服务的主体仍然是政府。就我国目前的状况来看，农村信息服务刚刚起步，信息服务还不具备企业化经营的条件与能力，政府无疑是农村信息服务的主体，而且考虑到农村信息服务的公益性特征，我国政府应对农村信息化及其服务体系建设上加大资金投入，帮助理顺农口各单位的分工协作关系，以形成农村信息服务的合力。

二、制定相应的法规和优惠政策

信息化的建设离不开政府的宏观指导，因此，许多国家和地区，都制定有目标明确、措施全面的信息发展规划，如美国的《国家信息基础结构：行动计划》。在重视法制的国家，还通过立法对信息开发和服务提供保证并进行约束。美国在农业信息管理上，从信息资源采集到发布都进行了立法管理，形成体系。日本为了保证信息的真实、可靠、及时，政府为批发市场的运行制定了一套严密的法律。德国为防止人们恶意攻击网络，制定电信法和信息服务法。此外，政府还负责制定信息工作与信息产品的标准，以确保信息产品的质量和通用性，实现信息资源共享，促进现代技术的推广应用。加快我国信息标准、规范和信息立法工作，一方面可以避免各行其是，在全国统一的标准下建设农业信息化，另一方面便于与国际接轨，对国际上成熟的标准、规范，我们可以实行"拿来主义"避免许多重复劳动。当前我国统计数据的质量虽然已经有了很大改善，但是许多人为因素仍然影响着农业信息的质量，影响农业信息的使用效果。

农业是弱质产业，受自然和市场的双重影响，必须依托政府才能促进农村的信息化和信息服务体系建设，各国在农业信息化发展上均出台了很多优惠政策。美国政府对农村信息服务建设的直接资金投入包括网络体系建设、数据库建设和技术研发。德国政府始终致力于农村信息服务的政策与环境、资金的支持和农业信息化基础设施的建设、数据库投入，设立一些推进网络技术应用的项目。日本各种地域农村信息服务系统由政府投资。印度通过购买计算机和软件减免个人所得税，下调因特网收费标准以及技术法案、降低农民获取信息的费用等手段支持农村信息服务的发展。泰国政府为了稳定农业科技推广人员队伍，科技推广人员一般都被列入公务员行列，鼓励他们深入农村里去推广农业技术和传播农业信息。我国目前也出现了一些从事农村信息服务的私人机构、公司，但是目前都处于举步维艰的境地，如何通过制定相应的优惠政策和政府引导性资金投入对这些公司进行扶持，值得我们思考。

三、注重信息技术人才培养，加强对农民的培训

作为一个世界人口大国，人力资源是其最大的资本。印度重视信息技术人才的培养，从而促进了整个软件产业的飞速发展。作为人口超级大国我们更要注重信息技术人才培养，将人口压力转变成人口动力。目前造成我国国民经济信息化整体水平低、信息产业竞争力不强、综合信息能力落后的主要原因是我国的信息技术人才不仅数量少而且质量也不高，这与我国的教育制度改革滞后于经济发展的需求有关。我们要大力促进教育体制改革，发展多种途径，培养信息技术人才。

此外，农民是农业生产和经营的主体，农村信息化进程一定程度上要取决于农民信息意识和经济实力的增强。我国农民素质普遍较低，信息化意识和利用信息的能力不强，应用信息的主动性、接受能力有限，影响到计算机和其他一些先进设备的推广和使用，而且这一问题还会长期存在。我国农民的素质与发达国家无法相比。据国家农调队对我国农民文化程度调查结果，文盲半文盲占23%、小学占45%、初中占25%、初中以上占7%，小学（含）以下文化程度占到68%。而发达国家已完成了农业现代化，农民（农场主）一般均接受了本科以上的学历教育，无论从自身素质还是对新技术的接受能力均远远高于我国农民，而且这种情形在短期内也无法改变。我国农民文化程度低必然导致对新技术的认识水平、接受能力和使用效果的局限性，而且农民的收入仅为城市居民收入的1/5，也没有能力进行信息技术产品等投资较高的再生产投入。联合国定义的文盲概念，把"不能运用现代信息技术与人交流的人"也归于文盲之列，据此我国农民文盲的比例将达到90%以上，农民素质问题不容乐观。

我们要调动社会各方面参与农民培训工作的积极性，鼓励各类教育培训机构、用人单位开展对农民的培训，提高农民的职业技能，增强农民的信息意识，拓展他们的增收空间。研究和开发适合我国农民特点的信息技术和信息服务产品，探索适合我国农民的信息服务体系，是在我国现实国情下解决农民问题的重要举措。

四、鼓励和动员社会力量参与农村信息化建设

农村信息化建设是一项重大的社会化工程，必须在政府高度重视、大力支持的基础上，动员和组织各种社会力量参与建设。印度和泰国在农村信息化建设中的融资渠道和投资模式灵活多样，有政府投入、私人投资和公私合营（public-private partnership）等方式，注意吸引私营企业加入信息化，结果证明这些方式互补，保证了农村信息化建设项目在经济上的可持续性。建议政府制定相关政策、法规和管理办法，鼓励和支持社会力量，尤其是实力企业参与农村信息化建设，充分调动他们的积极性，逐步探索和创建一套推动农村信息化建设持续发展的良性运作机制。

第五章　农村农业信息服务实践与案例分析

第一节　信息化示范省建设服务实践

为加快农业现代化的发展，实现信息化对农业生产和农村经济社会发展的倍增效应，2008年以来，科技部、中组部、工信部决定在信息化水平较高、基础条件较好、有工作积极性的农业大省开展国家农村农业信息化试点工作。2010年4月，三部委正式批复山东省为全国第一个国家农村农业信息化试点省份。山东省委省政府高度重视，全力推进示范省建设工作。按照"平台上移，服务下延，资源整合，一网打天下"的建设原则和思路，深入融合产业特色，积极探索公益服务与市场运营相结合的"1+N"服务模式，促进信息化与产业化融合发展，山东省国家农村农业信息化示范省建设工作取得了显著成效。按照《山东省国家农村农业信息化示范省实施方案》中的内容，主要开展了省级农村农业信息化综合服务平台建设、"三网融合"信息服务高速通道建设、基层信息服务站点建设、示范工程建设、长效机制和模式探索等工作。省级农村农业信息化综合服务平台建成试运行，建成了覆盖面广、快速便捷的农村农业信息服务高速通道，实现了多种终端互动、信息网络进村入户，在全省范围内建设了广覆盖的基层信息服务站点网络，围绕蔬菜、果树、畜禽、水产等重点产业开展了科技信息服务、电子商务、农业物联网等示范工程，推广应用了一大批信息化成果，探索建立了多种农村农业信息化工作长效机制和可持续发展模式。通过示范省建设，有力推动了山东省现代农业发展和新农村建设，促进了信息化与农业现代化的融合发展，充分发挥了信息化的倍增效应，取得了巨大的社会经济效益。

一、建设省级农村农业信息化综合服务平台

遵循"平台上移""整合资源、统一接入、分地运营、个性服务"和"边建设，边完善"的原则，联合省内外科研院校、通信运营商和专业化公司的技术开发、应用推广、运营管理等各方面人才参与，为平台建设和后期运营打下了坚实基础。重点围绕山东省粮食作物、经济作物、蔬菜、果树、畜牧、家禽、林木花卉、水产、农资配送、农产品物流等优势产业，建设了产业专业信息服务系统，整合了各产业资源，实现了覆盖全产业链条的一体化、专业化信息服务。平台服务方式多样，能够满足用户在任何时

间、任何地点、使用任何终端访问平台获取方便、准确、个性化服务的需求。通过平台建设和服务，充分发挥农业科技作用，为传统的"农民种地"向"专家和农民一起种地"转变提供支撑。

综合服务平台已初步成为集网络、视频、语音等多信息接入手段的农村信息服务综合门户，高效采集、加工、整合各类涉农信息资源的重要平台，直接面向农民、农民合作组织、涉农企业、科研院所及社会大众提供农村农业信息服务的窗口。平台既是资源整合平台，又是服务农民农企的信息互动平台和运营平台，还是示范省建设成果展示应用平台。平台以公益性服务为基础，同时具备增值服务和可持续运营能力。

1. 创新建设和服务模式，提升服务能力

（1）平台建设和运营单位紧跟现代信息交流技术发展趋势，深入分析和迎合用户需求，不断创新服务功能、手段和模式，力争使平台最大化发挥服务"三农"作用。开发手机APP、微信、IPTV、微博等服务功能，满足用户不断增长和变化的个性化信息服务需求。

（2）创新打造了"12396绿色之声对农直播间"服务品牌。充分发挥星火科技"12396"热线的公益服务作用，联合山东广播电视台乡村频道、齐鲁网打造了"12396科技热线对农直播间"，于2014年3月24日首播。把农业专家请进直播间，利用网络通道视音频在线解答农民朋友的种养技术问题，通过新闻媒体直播，将农业专家解答的问题直接传递到千家万户，实现了传统热线"一对一"到"一对N"的转变，架起了一座传播农业科技知识的快车道。作为农业信息化建设的一种创新模式，架起了新时期农民与专家、农民与市场、农民与政府互动沟通的直通桥，形成了联合推进农村信息服务的工作机制。

2. 突出产业化与信息化融合，建设完善优势产业专业信息服务系统

（1）充分结合山东省农业产业优势，创造性提出了"产业化与信息化融合发展"的总体思路，选择基础好、带动作用较强的粮食作物、经济作物、蔬菜、果树、畜牧、家禽、林木花卉、水产、农资配送、农产品物流等优势产业，建设了一批优势产业专业信息服务系统。专业信息服务系统上联优势科研单位作为信息、技术和成果来源，下联农业科技园区、农业龙头企业、农民专业合作组织、种养大户等农业产业实体作为服务对象，有效整合各产业链条上的各类资源，实现覆盖产前、产中、产后的生产、加工、物流、销售等各个环节的专业化信息服务，有力推动了山东省农业信息化与农业产业化的融合发展，促进了产业提质增效和升级。

（2）产业系统建设不断细化和深入，针对具体产业需求组织开发建设了一批专业信息服务系统，如生猪、大蒜、农机等；同时强化专业系统服务能力，扩大应用范围，创造了一批具有鲜明产业特色的信息服务模式。如寿光蔬菜视频医院通过远程视频诊断等手段面向全国蔬菜种植企业和农户开展技术支持服务，在全国20多个省发展用户数千个，打造了全国领先的蔬菜产业服务品牌，取得了良好的应用效果；在设施蔬菜、畜禽、水产等附加值较高的产业大规模推广应用农业物联网技术，实现生产环境信息的实时数据监控和生产设备远程控制，为生产提供决策支持信息，显著提升了产业生产水平和效益；围绕农产品冷链物流开展了技术研发和应用，在鲁商集团等大型生产销售企业

进行应用，可以对物流车进行网上实时跟踪和状态监测，通过模型计算各种物流成本并给出优化决策，促进了现代农产品物流发展水平。

3. 探索建立有效的综合服务平台建设和运营机制

（1）联合各类力量参与平台运营工作，确立"有价值、有形象、有效益、可持续"的平台建设目标，力争形成联合运营、优势互补、利益共享的成功模式，探索出一条平台可持续发展的道路。在示范省领导小组的统一组织和协调下，平台建设由山东省农业科学院牵头，中国联通山东分公司负责通道建设和终端推广，山东农业大学负责组织产业专业信息服务系统建设，专业化信息服务公司负责平台系统、业务开发和用户发展，包括政府部门、科研院所、大学、龙头企业等数十家单位共同参与，为平台建设和运营提供了坚实的人才、技术、资源支撑。

（2）按照"公益为主，市场为辅，市场反哺公益"的总体思路，积极探索和引进市场化机制，在确保平台公益性服务为主的基础上，尝试开展增值信息服务，实行商业化运作，市场收益反哺公益服务，力争实现平台自我可持续发展。重点分析了农民、农业企业、基层服务站、基层农业技术人员、科技特派员等用户需求，定制相应服务内容，实行"喝白开水（公益服务）免费，茶水（增值服务）收费"的推广策略，初步探索了多种服务模式，取得了良好效果。

4. 有效宣传推广平台，不断提高影响力

（1）各级领导先后视察平台应用及服务情况，共有来自包括政府部门、科研院校、企业等领导、专家240多批次3 200余人现场视察和参观平台建设和运营情况，并进行了广泛深入交流。通过经验交流和思想碰撞，进一步丰富了平台建设运营思路，也对平台起到了良好的宣传推广作用，为下一步加强合作，吸引更多的资源和力量联合推进平台建设运营打下了良好基础。

（2）平台建设运营单位通过各种形式加强平台宣传推广，取得良好效果。先后组织参加了一系列大型展览会，通过多种途径宣传推广了平台。如在北京举行的第五届中国国际现代农业博览会上参展，并受中央人民广播电台邀请，现场直播介绍了信息化服务现代农业发展的做法和成效；在第十二届中国国际农产品交易会暨第三届中国山东国际农产品交易会农业信息化专题展参展；在第七届中国（济南）国际信息技术博览会上参展等。

（3）加强媒体宣传报道，提升平台影响力。山东省农村农业信息化综合服务平台运行被评为"2013年山东十项农业科技新闻"。12396绿色之声对农直播间开播被评为"2014年度山东省十大农业科技新闻"。

二、建设"三网融合"信息服务高速通道

充分依托山东联通、山东移动等通信运营商，发挥其宽带互联网、固定电话网、移动电话网、传输网、IPTV等技术网络优势，建成了覆盖广、快速便捷、稳定可靠的农村信息三网融合高速服务传输通道，为示范省建设提供全方位通道支撑保障，真正实现了多终端互动、信息网络进村入户。以山东农村党员干部现代远程教育互联网通道为骨

干，在基层服务站点和综合服务平台之间打造了互联网服务高速通道；同时，优化了移动网络，提高了农村网络覆盖能力，在用户和综合服务平台之间搭建了无处不在的移动网络通道，作为互联网通道的有益补充。全面实现了"村村通宽带"，建设了"三网融合"音视频交互传输平台，包括支持 1 000 并发用户的远程视频互动系统、覆盖全省的支持 2 万用户的手机流媒体平台、具备 10 万用户规模接入能力的 IPTV 平台；研制了农村农业综合信息手机客户端软件、农村基层服务站点网络接入网关设备；在山东联通济南五星级 IDC 数据中心机房为省级平台部署提供了一流的软硬件环境。

三、建设覆盖全省的基层信息服务站点

充分依托党员远教村级站点、农技推广站和其他部门建立的各类站点，创新提出了分别建设综合性和专业性两类基层信息服务站点的工作思路。按照"共建一个庙，各拜各的神"的原则，充分依托省党员远教村级站点、农业技术推广站和其他部门建立的各类专业站点，分步推进，先期建设一批示范站点。示范站点建设按照"政府主导、社会参与、整合资源、共建共享、合理布局"和"成熟一批、认定一批"的原则，制定下发了《山东省农村农业信息化基层信息服务示范站点申报指南》，以现有站点为基础，按照"五个一标准"（一处固定场所、一套信息设备、一名信息员、一套管理制度、一个长效机制），明确建设内容，统一服务标准，创新服务模式，完善管理制度，确保建设质量。达到了功能齐备、设备齐全、特色明显、便捷高效、服务到位、示范带动性强的要求。

1. 充分依托党员远教网络，建设了示范性综合信息服务站

按照"共建一个庙，各拜各的神"的原则，在省党员远教中心的组织和支持下，将农村远程教育站点、农村文化共享工程、村委会等进行整合，选择工作基础良好、工作成效突出、群众满意度较好、信息化技术应用能力较强的党员远教站点进行了升级改造，实现了农村党员干部现代远程教育、文化服务和信息服务三项基本功能，因地制宜地开展了村务公开、计划生育、电子商务、务工、保险等其他信息服务。目前，正在以示范站点为样板，进一步总结经验模式，分步实施，逐步推进综合信息服务站建设，最终实现"村村有站点，站站有服务。"

2. 突出产业融合，全面推进专业信息服务站建设

结合十大优势产业专业信息服务系统建设，充分整合各类专业机构和组织的力量，利用农技推广站、农民协会、合作社、农业龙头企业、运营商农村代理点、农资店等开展了专业信息服务站建设。已在全省建设数千个示范性站点，基本涵盖了蔬菜、果树、林木、粮食作物、经济作物、畜牧、家禽、水产、农资配送、农产品物流等山东省主要农业产业的专业信息服务站群。突出专业信息站点与农业产业的深度融合，以完整的产业链条作为服务对象，提供产前、产中、产后全程信息服务，实现产业提质增效，推动了山东省现代农业产业体系的建立和发展。

3. 一员多能，重点开展基层信息员培训

（1）在全省党员、基层农技人员、科技特派员、乡土人才和应届毕业大学生中选

聘业务骨干人员组建了基层信息员队伍。

（2）利用省内各级星火学校、培训基地、阳光工程培训机构、县乡农技服务机构、成人教育培训学校等专业培训机构的培训资源和师资团队，组织制作了示范省专题培训课件，按照"会操作、会收集、会分析、会传播、会经营、能维护、能培训"的要求对信息员进行了大规模培训。组织开展了大规模信息员培训工作，通过远程视频等培训信息员数万人次，显著提高了信息员利用信息化手段开展服务、经营从而实现创业致富的能力和水平，为示范省建设提供了丰富的人才支撑。

（3）强化面向村干部、种养能手、科技带头人、农村经纪人、专业合作组织领办人、农民工的技能培训，发挥其示范带动作用和信息服务能力，从中选拔一些德才兼备、具有专业知识的人员充实到农村农业信息化服务岗位，建设了信息科技特派员队伍，纳入科技特派员统一管理。

四、示范工程建设

注重培育技术优势与产业优势相结合，依托产业链条实现信息服务的延伸。重点开展了科技信息服务示范工程、农村电子商务示范工程、农业物联网示范工程等建设，在国家科技支撑计划、山东省自主创新专项等支持下，组织国内优势科研力量，重点研发了一批农业生产、流通、经营等方面的信息化关键技术和设备、产品，建设了一批信息化应用基地，进行区域性示范应用，发挥辐射带动作用，推广了一批先进成果。

1. 开展科技信息服务示范工程建设

充分整合和利用综合服务平台、专业信息服务系统、专家服务队伍、基层信息服务站点、基层信息员队伍等，组织开展了卓有成效的农村农业科技信息服务。

（1）鼓励科技特派员创新创业，进村入户，创新服务模式，丰富服务内容，以信息化为手段，大力发展现代农村农业信息服务业，进而带动现代农业发展，促进城乡统筹。组建信息科技特派员队伍，进一步发挥了科特派的示范引领作用。

（2）突出涉农信息的精准搜索、查询、订制、推送等功能；通过互联网、智能手机客户端、短彩信、12396 热线、IPTV 等多渠道多终端让用户享受到及时、准确、个性化的信息服务。

（3）充分利用远程视频服务系统，面向基层站点和农民开展远程视频培训、病虫害诊断等服务，创新服务模式，实现了农民与专家面对面交流，成为深受广大农民欢迎的服务方式，涌现了聊城科技通、寿光蔬菜视频医院等一批服务典型。

2. 开展了农村电子商务示范工程建设

充分发挥山东农业龙头企业多的优势，依托农业生产、加工、销售等领域的涉农企业，以鲜活农产品为主要对象，推广应用农产品物流和质量安全追溯管理系统，实现生产、运输、贮存、销售交易等整个供应链全程覆盖。整合建设农村电子商务系统，重点面向农民、农村经纪人、农业合作组织、农业龙头企业等开展服务，实现有效供求对接。寿光蔬菜批发市场电子商务工程、栖霞苹果电子交易市场、鲁商集团电子商务平台等一批涉农电子商务平台发展迅速，为加快农产品流通提供了支撑。重点支持在寿光建设了果蔬种权与产品交易平台，将传统种权及产品交易与电子商务相结合，探索建立从果菜品种权到种子、种苗及农产品的链条式新型交易模式，使寿光成为国内最大的蔬菜种苗集散地，以知识产权为主体，拓展了蔬菜产业创新融资渠道，加快蔬菜产业科技成果向生产力转化。

3. 开展了农业物联网示范工程建设

优先选择蔬菜、畜禽、水产等山东省优势农业产业，在产业发达区域，选择信息化水平较好、专业化水平高、产业特色突出的大型农业龙头企业、农业科技园区、基层供销社、农民专业合作社等，开展了农业物联网示范工程建设，提升了产业生产水平，促进了产业升级，推动了其向现代农业转变和发展。

（1）在蔬菜主产区的寿光设施蔬菜大棚、水产主产区的水产养殖场、畜禽主产区的规模化设施如猪、牛、鸡养殖场等推广应用了农业物联网技术，实现了生产信息的现场采集、无线传输、智能处理、智能控制，取得了良好的示范应用效果。

（2）国家农产品现代物流工程中心依托鲁商集团，建立了覆盖全省的生猪、水产等鲜活农产品物流服务系统，实现了物流 GPS 监管、冷链物流温湿度及运营轨迹即时监控、产品质量安全追溯等，显著提高了农产品附加值。

（3）结合科技部、中国科学院在山东省黄河三角洲地区启动的渤海粮仓科技示范工程，联合复旦大学等科研团队，在示范区内推广应用了智慧农业信息处理系统终端设备，实现了对于农作物生长环境综合信息进行智能监测，集成数据采集、存储、传输和管理于一体，为渤海粮仓科技示范工程顺利实施提供了支撑。

4. 开展了农产品产销物流服务示范工程

国家农产品现代物流工程技术研究中心通过构建农产品产销行情、冷链物流科技和食品品质安全三大服务体系，全面对接其他产业体系，支撑示范省建设。

（1）产销行情服务体系。针对目前农产品产销信息不对称、价格波动大的现状，构建了产销行情服务体系，建立了农产品产销对接信息公共服务平台。帮助农民经纪人挖掘交易潜力，一手托农民（农企）、一手托市场，科学决策，从而推进农产品交易价格安全和交易成功率。

（2）物流科技服务体系。针对农产品物流成本不透明，利用现代信息技术完善农产品流通体系，削减由于信息流不对称增加的物流成本，提升整个供应链的利润空间，从而降低农产品价格。以冷链装备工程、智能信息技术和品质安全工艺技术及供应链管理（"三硬一软"）技术体系为实现手段，构建了分类农产品品质安全基础体系和数据库专家系统，实现高效生态、优质优价的产业链支撑体系。数据库专家系统开通的物流成本测算、车型推荐、路线优化、品控工艺配套等业务模块，为产、加、储、运、销各环节各业态主体提供交易决策服务。

（3）食品质量安全服务体系。针对农产品市场准入标准混乱导致食品质量安全隐患多的问题，构建食品质量安全服务体系，通过监控、追溯、检验检测三位一体，建立肉菜流通追溯智能系统，解决生产者不诚、消费者不信的问题。山东省"放心肉"服务体系视频监管平台实现了全省 130 家规模以上（年屠宰量两万头以上）屠宰企业全程视频监控；业务监管平台实现了全省 1 700 多家屠宰企业无纸化数据上报。面向黄三角地区，建成了黄三角冷链产业物联网管理平台，针对高效优质农业发展的要求，构建了高效优质农产品透明供应链体系，获得消费者高度认可，以山东高青"大地黑牛"为代表的 10 余家企业的产品成为鲁商集团所属银座商超门店的热销产品。

五、长效机制和模式探索

积极探索建立"公益性机制、市场机制、政府监管机制"三位一体的多种服务和运行机制。省财政对公益性、基础性、战略性重大建设项目进行了引导和支持，不断加大农业科技研究、基础设施建设、农村信息化项目和人员培训等投入；同时，放宽市场准入，吸收了大量社会资金进入农村农业信息化建设领域。

1. 充分发挥政府投入的公益性信息服务机制

探索了综合信息服务平台的公益服务投入机制，按照政府购买服务方式，推进公益信息服务。同时，紧密结合国家级、省级工程技术研究中心，科研院所和高校、各级政府事业单位的公益性信息服务的日常业务，充分利用各级政府对这些公益性研究、管理和服务机构的财政支持，加强了公益性信息的采集、加工、整理，最大效率地发挥公益投入，提高了信息服务的质量和水平。在各类科研计划中增加对农村农业信息化研究应用工作的支持力度。

2. 积极探索农村农业信息化建设的市场化机制

积极鼓励科研单位、大学、电信运营商、龙头企业、农民组织，采取形式多样的联合体，引导网络、内容运营商组建共享联盟，以市场为纽带，力争形成"联合运营、优势互补、利益共享、合作共赢"的良好局面。例如，推动省级平台的第三方运营、服务与管理，邀请国内农村信息化领域知名专业公司参与平台运营，开发了数十种增值业务，利用市场化的手段吸引和发展用户，探索建立了电信增值、个性化服务、电子商务、品牌推广、城乡互动五种收益模式，成效显著。同时，鼓励农业龙头企业、农民合作组织等面向农民开展免费信息服务，通过信息服务无偿化和物化技术有偿化结合的运行机制，坚持信息流无偿化，用物资流形成的利润反哺免费服务，从而使基层信息服务步入了良性的发展轨道，发展了"寿光蔬菜视频医院""聊城科技通""东营百姓科技"等一批服务典型。

3. 加强信息质量认证，完善政府监管机制

科技厅会同农业厅、经信委等，通过加强对农村信息服务行为加强监管，加强了信息发布的监管机制，确保信息的准确性、可靠性和真实性，查处提供虚假信息、禁售或假冒产品的信息服务行为，防止信息坑农现象出现，充分发挥了政府的监管作用，促进了农村信息服务业健康发展。

六、成功经验、机制和模式

（一）政府引导，社会参与

示范省建设在政府引导下，积极吸引和鼓励各种社会力量参与进来，充分调动和整合各类资源，为示范省建设服务。由政府牵头，组织了国内科研单院所位、大学、通信运营商、龙头企业、农业合作组织等单位的优势技术、人才、资金、资源等，为示范省建设提供了充足保障。

（二）抓住优势，突出特色

山东省作为农业大省，优势农业产业很多，农业产业化发展水平位居全国前列。充分抓住这一优势，创造性的提出了围绕优势农业产业建设专业信息服务系统，整合产业链条上的各类优势资源，面向产前、产中、产后提供专业化、一体化服务，有效促进了产业提质增效，加速其向现代农业转变，形成了"产业化与信息化融合发展"这一鲜明特色，成效显著。

（三）市场运作，可持续发展

示范省建设的目标是以提供公益服务为主，由政府扶持；与此同时，在平台建设和运营、服务组织、站点建设等各个方面和环节积极尝试引进市场化机制，分析并面向各类用户的个性化需求开展增值服务，用获得的收益反哺公益服务，力争实现可持续发展，取得了良好成效。

第二节　农村农业信息服务案例

一、农产品现代物流服务体系

依托国家农产品现代物流工程技术研究中心、鲁商集团农产品物流信息网络等农产品物流信息系统，构建农产品物流信息服务系统，为其他专业信息服务系统提供全方位的网上市场信息、电子交易及物流配送服务，实现农产品网上电子交易、鲜活农产品配送、农产品质量追溯等。借助省内党员远程教育站点、新农村商网统计、发布农产品需求供应信息；整合构建网上电子交易系统，实现农产品网上报价、网上竞拍、电子交易、电子支付等；完善信息化的物流配送系统，实现基地—配送中心—市场—消费者的全程配送；在有条件的地区建立农产品质量追溯体系，推广应用 RFID 等电子识别技术，开展农产品认证、产品标识审定、标签编码管理、标签信息查询等方面的信息化工作，建立覆盖生产、运输、贮存、销售等整个供应链全程的农产品质量安全追溯管理系统，提高农产品质量安全水平。

通过构建农产品产销行情、冷链物流科技和食品品质安全三大服务体系，全面对接支撑其他产业体系。

1. 产销行情服务体系

针对农产品产销信息不对称、价格波动大，"菜贱伤农、菜贵伤民"现象时有发生的现状，构建了产销行情服务体系，建立了农产品产销对接信息公共服务平台，依托电子商务平台整合农产品供应链，通过对国内外农产品产销信息收集（海量数据）和分析（建模和云计算），提供价值参考信息。平台拥有 8 000 经纪人，214 个批发市场。帮助农民经纪人挖掘交易潜力，一手托农民（农企）、一手托市场，科学决策，从而推进农产品交易价格安全和交易成功率。

2. 物流科技服务体系

针对农产品物流成本不透明，构建物流科技服务体系，利用现代信息技术完善农产品流通体系，削减由于信息流不对称增加的物流成本，提升整个供应链的利润空间，从而降低农产品价格。基于品类与时空目标的自然属性，以冷链装备工程、智能信息技术和品质安全工艺技术及供应链管理（"三硬一软"）技术体系为实现手段，构建了分类农产品品质安全基础体系和数据库专家系统，实现高效生态、优质优价的产业链支撑体系。数据库专家系统开通的物流成本测算、车型推荐、路线优化、品控工艺配套等业务模块，为产、加、储、运、销各环节各业态主体提供了十几万次的交易决策服务。

3. 食品质量安全服务体系

针对农产品市场准入标准混乱，导致食品质量安全隐患多的问题，构建食品质量安全服务体系，通过监控、追溯、检验检测三位一体，建立肉菜流通追溯智能系统，解决生产者不诚，消费者不信的问题。山东省"放心肉"服务体系由视频监管平台和业务监管平台组成，视频监管平台实现了全省 17 个地市，130 家规模以上（年屠宰量两万头以上）屠宰企业全程视频监控；业务监管平实现了全省 1 700 多家屠宰企业无纸化数据上报。面向黄三角地区，建成了黄三角冷链产业物联网管理平台，针对高效优质农业发展的要求，综合采用地理信息技术、标识技术、无线通信技术等从区域产地环境评价、生产基地监测、生产履历信息采集与管理等面构建了高效优质农产品透明供应链体系，获得消费者高度认可，以山东高青"大地黑牛"为代表的 10 余家企业的产品成为鲁商集团所属银座门店的热销产品。

通过以上三个体系的建设，初步搭建了食品透明供应链管理体系，形成了一二三产融合的农产品流通品牌、基地品牌和科技品牌。山东数以万计的农民获得了信息服务，国内外一批农产品采购商通过平台获取山东农产品的销售信息。下一步将继续推进农产品电子商务与现代物流互动体系建设，使农民种的明白，卖的通畅，优质优价。探索中国特色农产品物流发展模式，保障农产品有效供给，实现农产品买得到，吃得起，保安全。

二、家禽产业专业信息服务系统

以家禽养殖专业信息资源为基础，通过提供统一接口，获取、审核、整理发布家禽供求信息；集成构建家禽物资供应子系统，实现禽蛋、幼仔供需信息、饲料等询价、管理、交易；以现有家禽疾病诊断信息资源为基础，集成构建家禽疾病预警与远程诊断子系统，利用专家库、视频传输系统、在线专家等建立家禽医院，实现疫病远程视频诊断（图5-1）。

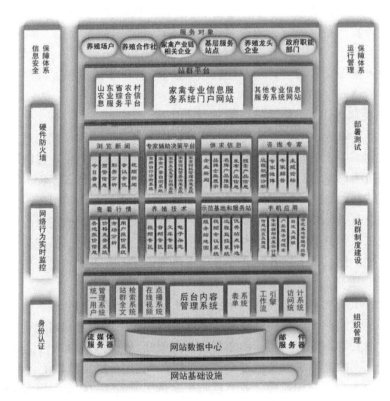

图5-1　家禽产业信息服务系统框架图

该系统研建前期对用户进行详细需求调研和分析。家禽信息服务的对象是广大养殖场户、基层养殖合作社、养殖龙头企业、养殖协会（学会）组织以及畜牧职能部门等，而从家禽产业角度，应服务于家禽产前、产中、产后整个产业链上的从业者。调研家禽从业者特别是基层养殖场户的文化水平、计算机操作能力等。分析各类用户对家禽信息服务需求的共性与差异性，制订了详细的家禽信息服务系统开发方案。在调查中发现，遍布在农村的养殖场户或养殖合作社仍然有大量的没文化或文化水平低、年龄居大的养殖从业人员，那么服务系统的建设要本着实用、高效、便捷、易懂的基本原则。

研发家禽信息自动采集系统和分类发布系统，研建养殖知识基础数据库、家禽生产辅助专家决策系统、家禽信息视频服务系统、专家信息数据库、我国家禽品种资源数据库、山东省种禽企业信息数据库、基层服务站点信息数据库等作为系统运行的技术支持；组建省市级专家服务团队，研建以文字、语音、视频多种形式的在线咨询、离线留言、互动论坛等用户与专家多种互动服务模式；在山东省各地设立家禽信息基层服务站点，并以站点为纽带，发挥其辐射带动作用，实现更大范围的信息服务。最终研建形成科学、完善的"专家—平台—用户"的家禽信息服务系统。

1. 山东省家禽专业信息系统门户网站

系统门户网站——www. sdjqxx. net，是山东省家禽专业信息化服务的载体，是实现家禽信息多模式、多功能服务的平台和渠道。建立了网站后台信息采集、加工、审核和前台发布系统；研建以文字、语音、视频多种形式的"在线咨询""给我留言""禽病远程诊断""远程授课与培训"，以及微博、微信二维码、论坛等互动功能模块（图5-2）。

图5-2　山东省家禽专业信息系统门户网站

2. 家禽信息视频服务系统

开发了远程视频会议系统，在山东省各地建设视频会议服务终端30个。系统平台安装广角高清摄像头，服务终端配置高清摄像头。研建了如何利用该系统实现禽病远程视频诊断、在线视频技术授课与培训等功能。

3. 家禽养殖智能决策系统

家禽产蛋自测系统研究我国家禽品种父母代和商品代不同日龄的生产性能，并通过产蛋曲线具体化、细分化；并基于该产蛋曲线标准值，分别给出了大于、等于、小于三种情况下对于生产性能的细节管理。

家禽生长发育自测系统研究我国家禽品种父母代和商品代不同日龄的生长体重，并通过生长曲线具体化、细分化；并基于该生长曲线标准值，分别给出了大于、等于、小于三种情况下对于生长发育的细节管理。

家禽饲料营养决策系统研究家禽常养的蛋鸡、肉鸡品种的父母代和商品代的饲料营养决策系统。功能一，在选定家禽品种及其代次、周龄等条件后查询，系统即给出三个推荐配方，并给出每种配方的营养成分；功能二，在选定家禽品种及其代次、周龄等条件后查询，系统即给所需要的能量、蛋白质、氨基酸、矿物质、维生素等含量。为用户在养殖过程中科学配制饲料提供依据和参考。

家禽饲养管理决策系统研究鸡、鸭、鹅共计26个家禽品种。研究家禽不同品种、不同代次，在不同周龄和春、夏、秋、冬不同季节的饲养管理要点。养殖户简单地进行选项操作，即可智能化形成生产管理决策，为养殖户提供家禽生产各个阶段的温度、湿度、光照、密度、用药和其他相关细节管理技术措施，指导养殖户进行科学养殖，有效提高养殖户科学管理水平。

家禽疫苗查询系统家禽疫苗名目繁多。研建了家禽预防疫病各种疫苗的查询系统，养殖户点击家禽某种疫病疫苗，即可详细地了解和掌握相关该病的所有疫苗，包括它的灭活苗和活疫苗两大类，每类所包括的每种疫苗的毒株、简介及其详尽的免疫接种方法。养殖户在家禽生产中能够更好地选择和使用疫苗，达到有效防控疫病的目的。

禽病诊断专家系统研发了根据禽病流行情况、临床症状、病理变化等肉眼可见的疫病表观情况，快速初步诊断疾病。对家禽生产中常见的几十种疾病进行了归纳、汇总，对每项内容进行科学的评估，研制了实用、较为准确而且容易掌握的禽病诊断专家系统。该系统可以帮助养殖户快速、准确地诊断疾病，以便及时采取有效的处理措施，减少或避免因疫病造成的经济损失。

4. 全国家禽品种资源信息库

我国家禽品种资源丰富，我国现有引进品种、自主培育品种和国家审定的地方品种家禽，包括鸡185种、鸭45种、鹅37种以及鸽4种、鹌鹑5种、火鸡4种。研究了我国家禽品种详细分类，每类包含所有家禽品种，每个品种的产地、品质优势、外貌特征、生产性能及其国内主要饲养地等。家禽品种资源信息库以树枝状图像展示，可供用户查看和了解、学习。

5. 山东省种禽企业信息检索系统

山东省是我国养禽大省，各地都具有规模大、有资质的龙头种禽企业。研建了山东省分地区、分品种的种禽企业信息检索系统。在某一特定地区，饲养不同品种如鸡、鸭的企业以地图不同颜色形象地展示。养殖户可以选项查询某一品种在某一地区饲养的种禽企业及其相关信息，方便养殖户引种查看参考。同时，研究了企业信息自助管理功能，种禽企业本身通过简单注册，即可自助管理自己企业界面，更新或添加企业信息动态、展示产品形象及其联系方式等，供用户查看。

6. 信息服务体系与机制

（1）开放、公益性的信息共享体系。养殖户、企业等所有用户只要登录我们的网站，即可共享网站所有信息及其服务，不设任何权限级别。包括浏览共众信息、免费使用家禽音视频服务系统、免费使用系列家禽生产智能决策系统、免费查询全国家禽品种资源信息库和查询山东省种禽企业信息等。

（2）信息获取、审核和发布体系。获取信息渠道有两个，一个是国内行业行业权威网站自动抓取系统，另个是各地信息员组织提供。信息经管理员严格审核，合格后予以推送前台分类、分板块发布。

（3）专家和养殖户的互动体系。用户通过"在线客服""专家在线""给我留言""发帖"等多种方式，可直接与在线客服或平台值班专家实时交流，咨询生产中的实际问题，也可给所需专家留言，客服及时提醒专家上线解答。家禽论坛互动社区用户经简单注册后即可发帖提问，或专家发帖解答；给专家留言（"给我留言"）后，相关专家可发帖回复。

（4）专家服务体系。规定了专家服务职责和义务，除了上述外，根据养殖户需要，指派各地专家就地去现场指导服务。

（5）家禽信息音视频服务体系。研建利用视频会议系统系统为用户音视频服务。信息平台安装会议专用的广角高清摄像头，各地信息服务站配置高清摄像头，开通了音视频服务系统。研究了通过音视频服务系统进行禽病远程视频诊断，养殖户可就近到信息服务站对病死禽解剖，病理图像可较清晰地实时传送到家禽信息平台专家桌面，并与专家语音交流，从而做出初步诊断；研究了通过音视频服务系统实现专家远程视频授课与培训，即养殖专家在平台桌面上讲授饲养管理和禽病防治技术，信息服务站可组织当地养殖户收听收看，培训养殖技术，提高养殖技能。同时，系统平台组织相关专家对家禽近期出现的热点问题、焦点问题进行剖析。

（6）名优产品展示体系。在供求信息板块，名优企业及其名优产品进行了形象展示，对企业进行了形象宣传；对名优产品进行了友好展示，为将来实现信息增值服务做好准备。

7. 信息服务队伍

依托山东省现代农业技术体系家禽创新团队，组建了岗位专家服务团队；依托山东省农业科研教学单位、省畜牧行政职能部门组建了省级专家服务队伍；依托地市级畜牧行政单位、各地龙头养殖企业技术部门组建了地市级专家服务队伍。专家服务团队包括育种、禽病、营养、饲养管理及环境控制等各专业的专家，他们专业性强，实战经验丰富，能满足不同水平的养殖场户的需要。制订了"山东省家禽信息服务系统专家服务团队管理细则"。专家服务团队实行动态管理，考核机制和有偿服务的原则。规定了专家的职责、权利和义务，服务的内容和形式，以及专人负责管理、统计、报酬发放等事项。在家禽信息服务平台，利用音视频服务系统举办专家技术讲座，服务专家到养殖现场技术指导。

8. 信息站点与示范基地

建立信息站点与示范基地，首先要考察预选的信息站点及示范基地，一般预选有代表性的企业单位，选出区域发布、覆盖面广，交通便利，要考察其规模、辐射服务范围、带动作用，其次是信息设备及条件，再次是人实在，积极配合，热情服务。具有专职或兼职信息服务员，能积极为家禽信息服务平台提供信息服务。在信息服务上，我们对信息员和基地管理人员进行技能培训，也为他们提供有益的服务。信息员享有一定的服务、权利和应尽的义务。为鼓励信息员和基地管理人员积极性，可以给予他们一定的劳务报酬。

（1）建设家禽信息基层服务站。家禽信息基层服务站点是家禽信息服务于各地养殖场户的媒介和桥梁，在山东省各地，特别是家禽重点养殖区遴选具有代表性的、规模性、辐射性的养殖龙头企业、科技开发单位等作为家禽信息基层服务站点。各地信息站点积极提供时效性强、有价值的家禽信息动态和市场报价等，并组织周边养殖户收看收听养殖技术讲座等。

（2）家禽物联网示范基地建设。建立家禽物联网新技术养殖示范基地，内设标准化禽舍内环境实时监测与报警系统、异地远程监控系统等。养殖基地内基本实现了家禽养殖的科学化、智能化、自动化和信息化。

智能监测系统：通过在禽舍内安装智能传感器，在线采集舍内环境温度、湿度、氨气等三项参数，各项数据上传处理器。

信息管理平台：实现对采集的各路信息数据存储、管理；提供智能分析、形成生产决策和报警功能。

鸡舍环境控制系统：根据异常报警信息，通过手机短信、计算机等信息终端自动反馈养殖场管理人员，采取应对措施，自动或人工控制相应设备。

三、山东华夏维康打造互联网服务体系

（一）基本情况

山东华夏维康农牧科技有限公司是一家以健康养殖服务、物联网、互联网信息平台搭建、农产品电子商务运营、蛋鸡大数据分析为主要业务的畜牧农业龙头企业。2006年创建了全国第一家行业网站——中国禽病网，中国禽病网，定位在"您身边的禽业在线专家"，特聘请国内知名禽病专家在线为养殖户解答问题；提供最新鸡蛋、毛鸡、饲料、鸡苗等价格行情；设有"禽病图谱""与专家在线""饲养管理""疫病防治"等十几个栏目，特别是"禽病图谱"与"专家在线"为一线禽病诊疗工作拉近了距离，将禽病专家请到家里来，可随时学习、交流与沟通。凭借分布在全国各地的几百家技术服务站点，特向大家提供最准确、最及时、最权威的鸡蛋、肉鸡、鸡苗、淘汰鸡、玉米、豆粕等价格行情。网站日访问量40万以上，已打造成为中国禽病诊疗行业网站著名品牌。2014年研发手机端搜牧通。搜牧通为健康养殖服务、物联网、电子商务平台、大数据分析集一体的APP软件，截至2017年8月中国禽病网、搜牧通已有30多万会员。历经10年互联网领域的辛勤耕耘，华夏维康已成为"互联网+"畜牧业领军企业和蛋鸡产业互联网的开拓者，已为全国80%的蛋鸡养殖户进行技术服务。公司曾多次被中央电视台、新浪网、搜狐网等国内知名媒体报道。2017年同山东省畜牧兽医局及山东17地市畜牧兽医局发起"云养殖中国万里行活动"，开启畜牧大数据时代。

（二）主要做法

（1）在当前社会，互联网已经成为人们工作生活中"不可或缺"助手。物联网正逐步的进入农牧行业的各个方面，许多农户认为云养殖就是在自己的鸡舍、牛棚里安装个温度计，这是不全面的认知，随着物联网、云计算、大数据等新技术渗透到生活的各

个领域，传统行业中"去人工化"趋势逐渐显现。当然，蛋鸡养殖也不例外。养殖场主要采用"云养殖"模式，一部手机，就能快乐养鸡，轻松赚钱。

（2）李克强总理在政府工作报告中明确提出："食品安全事关人民健康，必须管的严而又严。"在蛋鸡养殖方面，想要了解市场行情，从源头把控禽蛋生产的第一道关口，加固消费者信任屏障，靠产品把价格卖上去，面临严峻考验。

（3）山东华夏维康农牧科技有限公司定位为蛋鸡产业 OTO 综合服务商，以现有互联网平台为全国 80% 蛋鸡提供技术服务，开辟蛋鸡云养殖新模式。华夏维康紧跟国家战略，抓住机遇建设智慧农业云养殖师范项目，以 5521 健康养殖技术为依托，100 多名专家团队免费提供远程诊疗服务。建立安全生产、互联互通的云养殖系统，实现以大数据为核心的智慧养殖。

（4）借助云养殖大数据，可以精确了解全国各地青年鸡的存栏量和养殖情况，有助于市场改进蛋鸡品种资源、了解禽病诊疗历史和蛋价行情预测。

（5）伴随养殖场数量的不断增加，云养殖大数据将更加完善。利用这一功能优势，养殖场主可以科学管理鸡舍，对每一批鸡的生长、环境、喂料、产蛋等进行数据化分析。养殖户通过搜牧通云养殖模块，登记鸡舍及日常养殖日志，查看鸡舍环控状态及远程视频监控数据等，云养殖建立了大数据分析系统，养殖户通过鸡舍登记、日志填写与大数据中心进行沟通，大数据中心根据与养殖户对接的数据提供，5521 健康养殖建议及引导。养殖全过程可追溯的同时，正式开启云养殖新模式。

（6）通过云养殖系统，养殖场主可以实时远程查看鸡群状况及个体形态，还可以通过专家在线，实时获取养殖数据，如鸡舍大群状况、养殖批次及用料、供水等情况。随时和专家进行沟通，实现远程诊疗——"望（视频查看鸡舍大群形态）、闻（了解鸡舍日常养殖用料、供水等情况）、问（在线农户即时沟通）、切（专家通过云养殖系统收集的大数据为鸡舍诊疗把脉）"，同时搜牧通还为养殖户提供了专家课堂和养殖宝典，听听专家养殖中的奇招妙方、环保养殖、畜禽粪便利用、生态循环利用、生产优质动物蛋白质与生物肥技术推广等最前沿的养殖技术讲解，轻松获取综合解决方案，真正做到健康、科学养殖。

（7）利用现有"搜牧通"平台，依托 5521 养殖技术，通过云连锁的运营实现线上线下智慧养殖，同时以远程视频诊疗及可追溯检测系统体系使得农户的养殖经营更加便捷和高效，带动项目区农民真正迈向李克强总理提出的"大众创业、万众创新"全民营销的大时代。

（三）经验效果

（1）农村的养殖业由于诸多问题，技术落后，大多数情况下都是人工饲养，机械化程度很低。在农村由于信息的不对称性，使得很多农户掌握不了行情、技术。不能根据市场进行有效的改变或学习。而往往根据经验或是他人的经验进行饲养活动。云养殖实时环控系统线上、线下专家团队长期向农户免费提供技术指导，同时对农户养殖过程中遇到的问题早发现、早治疗，确保养殖效益。另外公司将自主研发的"5521"蛋鸡健康养殖新技术手把手交给养殖户，让老百姓在养殖过程中掌握到科学的养殖技术，真正能让一只鸡一生中多下 5 斤（1 斤 = 0.5 千克）鸡蛋，少吃 5 斤饲料，少用 2 元禽药费，少下 1 斤破蛋。并通过物联网终端变送设备为云养殖大数据中心提供并记录养殖环控实时数据。

（2）云养殖平台的大数据对接与应用，通过数据积累，更精准的为用户提供标准养殖建议及预警提醒。借助搜牧通平台的溯源系统，从鸡苗引进到饲喂养殖减少经济投入，砍掉中间环节让鸡蛋直接到达用户，让一只鸡真行实现多盈利 10~20 元。

（3）食品的质量不安全，将会影响到人们的健康。食品的安全问题关系全人类的生活、生存、延续，是人类发展的一个重要课题。传统养殖用药不规范造成养殖户为了贪便宜，乱用药、用假药的情况时有发生，相关食品质量安全问题也频频被媒体曝光，这直接导致了食品行业的安全问题成为人们最普遍关心的一大主题产品溯源，现在运用物联网和大数据功能优势，能够掌控养鸡场每一批鸡的环境、生长、喂料、用药、产蛋等情况，做到全程可追溯，提升产品附加值，使禽蛋产品全程透明化，数据化，从源头把控禽蛋安全关口，防止存在乱用药、违禁药、假冒药品，让消费者吃上健康放心的鸡蛋，提高整体蛋鸡养殖水平。

（4）鸡舍粪便处理不当，或者是没经过处理直接排放，造成周边环境及水体污染。反过来，粪便污染会影响蛋鸡生产，影响产品质量，甚至使生产不能进行下去。粪便污染，又影响人民生活，破坏生态，直接危害人的健康，损害很大。传统的鸡场清粪便方式一般用清粪机，但成本较高，中小养殖场难以接受，其次是蓄粪池，这种方式解决不了鸡粪含水量大、鸡舍有害气体含量过高、蛆蝇滋生等严重问题。通过云养殖数据的完善及搜牧通平台的应用加快了环保养殖、畜禽粪便利用、生态循环利用、防止饲料营养配备及粪便处理不科学造成的二次污染，实现了生产优质动物蛋白和生物肥技术的推广。

云养殖是一种基于物联网、云计算、大数据等新技术的畜牧养殖的可视化监控溯源系统，打造了从兽药饲料到鸡蛋销售为一体的闭环产业链，实现了禽蛋产品全程透明化、数据化的云养殖模式，真正做到健康、科学养殖、智慧养殖，开辟中国蛋鸡养殖新航向。

四、衢州农技"110"

浙江省衢州市农技"110"上联全国各专业网站，下联农村千家万户，借助因特网、通信工具、新闻媒体和现有农技推广手段，通过咨询答复、实地指导、科技示范、技术培训和信息收集分析与发布等形式，积极开展为农服务，取得了明显成效。

1. 完善的农技"110"服务网络

衢州市农技"110"服务网络由市、县、乡三级服务站和村级信息服务终端组成（简称三站一终端）。市、县、乡三级服务站是政府主办、涉农部门参与、农业局主管的公益性服务事业单位。目前，市级配备专职人员 13 名，县级配备了 25 名，乡镇一级配备技术员和信息员 800 多人，村级配备信息员 3 112 人。各级农技"110"全部配有专用电脑，上联因特网，下联千家万户。提出了村级服务终端的标准为"十个一"：一个承办主体，一个固定场所，一块牌子，一部公开电话，一台上网电脑，一名电脑操作人员，一个电子信箱和通信簿，一个宣传栏或记录本，一个承办责任或协议，一个服务制度。

2. 服务方式多样化

电话咨询服务。一是市、县、乡三级农技"110"配有现场咨询专家；二是在农技"110"网站上建立咨询平台；三是聘用场外咨询专家，他们的手机免费接听来电。农民通过来电、来人、来信和上网咨询，农技"110"专家尽可能给予当场答复，一时答复不了的，在查阅资料或请教有关专家后，在7个工作日内给予回复。

互联网服务。市农技"110"网站上开设了农业综合信息、农业技术资料、市场分析、供求信息、市场价格、农业政策法规、农业标准化等栏目，农民可以通过电脑或手机上网访问，也可以利用电话或手机"听网"。

网上促销。各级农技"110"随时为农民和经济主体上网采集和发布信息，开展网上产品促销、网上招商引资、网上订单农业等工作。

形式多样的信息发布形式。一是与衢州电视台合办《农技"110"特快》专栏，于周一至周六的黄金时段播出，每周3期，每期重播1次；二是由衢州日报社创办《农家报》周刊，全市订阅总数达11万多份，平均每5个多农户就有一份；三是利用手机发布农技"110"短信息；四是通过网站、电子邮件、广播电台、墙报、资料和信息发布会等形式发布信息。

培训示范，普及技术。各级农技"110"积极开展农业技术培训、职业技能培训和信息技术培训，提高农民素质，提高经济主体利用信息和网络发展经济的能力。农技"110"网站上开通了《影视频道》，有131部农业科教影片和8个专业的技能培训多媒体教材。同时，各级农技"110"科技人员经常下乡对农民进行面对面的指导，开展典型示范。

五、科技信息户联网工程

1. 建设概况

"科技信息'户'联网"工程是湖南省通过整合区域科技资源，利用现有科技信息网络和农村通信覆盖网络，农户使用一部普通电话，通过拨打全省统一的"96318"科技服务热线，将千家万户与信息网络连接起来，获得实用技术、市场信息、致富点子、打工指导等方面的服务，同时还可以发布供求信息，加强了农村科技信息服务的针对性、时效性。

2. 服务方式

科技信息"户"联网工程，概括起来即由"五个一"构成：一个户联网平台（省级和县（区）二级系统构成核心）——由"农村科技信息户联网"基础数据库、常规数据库和动态数据库等构成数据库群，主要利用网络、电话为农户提供科技信息服务；一个户联网网站——信息的门户；一本户联网查询指南——信息的索引；一支强大的专家团队——技术的支持；一部普通电话或联网电脑——信息的终端。

3. 主要成效

农民对这一新型农村科技信息服务形式非常欢迎，纷纷称赞"96318"是"科技信息直通车"，是符合县情、顺应民意、密切干群关系的"民心工程"，还编出了"拨打96318，科技致富到你家"的顺口溜。

六、天津农业短信服务平台

1. 建设概况

随着农业现代化进程的不断加快，农民群众对农业科技的需求日益增多。在天津市科委的大力支持下，市农科院信息所联合多方力量，在长达半年的调研与筹备的基础上，推出了天津农业短信息发送这一新的服务形式，于2004年11月8日开始启动第一期免费农业短信服务，将最新的农业生产管理信息、市场行情、实用技术、科普知识等短信及时、快捷地发至水产养殖专业户、饲料与水产药品提供商等需求者手中。2005年3月，天津市农业科学院信息研究所在及时总结经验的基础上，采用手机模块，开发出具有短信单发、短信群发、用户分类管理、分类回复、信息定时发送并提供与现有企业管理系统接口等功能的软硬件产品，建立起新型以公共通信服务网络为载体的农业短信服务平台。

2. 服务内容和服务模式

该平台依托天津市农业科学院信息研究所建设的基础数据库、天津农业领域专家及一线生产者的力量，为农户发送当前农事、政策快讯、市场行情、实用技术、劳务信息、病害防治等丰富、实用的农业信息。同时平台还提供了专家与农户之间咨询解答、农户供求信息上传等互动功能，并且可自动将相关信息发布到网站，实现手机与网站的互联互动。

农业短信服务平台在为农户提供信息服务的同时，也为农业龙头企业提供了个性化的服务，例如，可为企业提供日常管理、招工信息、生产管理、供求信息发送服务及提供与企业现有管理信息系统的接口。目前，该平台已在猪养殖龙头企业、水产养殖龙头企业、农业服务协会中推广应用。

3. 主要成效

用户一致认为农业短信服务具有方便、快捷的特点，成为沟通农民与专家、农民与市场的桥梁，为农民朋友充分利用现代高科技发展生产提供一条有益的新路子，有效地加速实用新技术新成果的传播，为生产中疑难问题的及时解决提供一条快捷、方便的途径，为农业增效、为农民增收提供可靠的科技信息支撑。

七、新郑市农村科技信息"村村通"

1. 建设概况

新郑市与北京光彩农业信息网络有限公司合作，以其开发的"中国农业科技信息进村入户系统（SPEC）"为技术依托，采用该系统和设备，按照"统一规划、集成运作、规范管理、突出特色、分步实施、注重实效"的发展思路，一个以农民增收为宗旨的农村科技信息"村村通"工程建设全面铺开。

2. 服务方式

以农村专业技术大户、农村技术服务组织、农村科技企业为主要服务、示范和信息扩散对象，在市域 9 镇 4 乡 1 区和 3 个街道办事处，安装操作简便的信息技术终端产品光彩农信机 200 台，并探索出行之有效的信息服务和经营管理模式。光彩农信机具有容易操作，功能实用，免除维护，兼容性强，信息量大，费用低廉，可针对当地生态类型、用户需求，适时发布，采取嵌入式系统，不染病毒，不死机等特点。

3. 主要成效

新郑市开通光彩信息网虽时间不长，但已显现出特有的魅力。目前，已接受新郑市优势产业大枣、莲藕、小麦、玉米、花生、养殖、林果、蔬菜、药材、食用菌及农产品加工新技术、新品种等有效信息 300 多条；涉及农产品、生产资料产品、市场行情、价格走势、市场供求、政策法规等信息 180 多条，并通过相应传播途径，将信息辐射到千家万户。

新郑市雏鹰禽业发展有限公司，是专门生产雏鹰饲料的企业。因主要配制原料的玉米价格大幅上涨，困扰着企业的正常运行。当他们从农信机获取陕西渭南、铜川市区玉米市场价比当地每千克低 0.12 元的信息后，即速购回 5 万千克玉米，继续保持了对用户原定的合同价格，取得了很高的信誉和企业既得利益。龙王乡是新郑市的花生加工大乡，加工好的花生一般运往深圳，剩下的花生壳就作为废物丢弃了。一位姓邢的农民无意中通过光彩信息机发布了一条花生壳的消息，结果没想到，引来了许多人与之联系，其中一人已经预备近期到该地考察，并准备在此地办一个花生壳加工厂。

通过"村村通"信息机的示范作用，产生了良好的辐射带动效应，引导不少农民走上了依靠信息的致富道路。

八、榆阳区电视主体的科技信息服务体系建设

1. 建设概况

陕西省榆阳区是我国信息扶贫项目的试点。为了推动科技信息的传播，榆阳区建立三级信息服务体系，即区、乡（镇）、村三级信息中心，负责维护管理本级信息网络设施，为农户提供信息技术培训、信息查询、信息发布等服务。榆阳区针对农村地广人稀、居住分散、通信基础设施落后、电话拨号上网困难等问题，采取了"以互联网为主，多种媒体并举"的信息传输模式。除区、乡（镇）、村信息中心利用互联网为农户提供上网服务外，又与广电部门合作，开通了信息扶贫专用电视频道，应用图文电视技术、电话互动点播录像节目技术，使上网困难的农户通过家庭电视机获取扶贫信息。榆阳区的科技信息服务逐步发展到以电视为主体、将传统电视与现代信息技术相结合服务模式，取得了较好的效果。

2. 信息服务方式

与广电部门合作，开通了信息扶贫专用图文电视频道，覆盖整个城区及全区 75%

的农村，城乡有线电视 24 小时滚动播出，农村多路微波全天播出 17 小时。每天有 30 多万群众可收看到此节目。图文频道平均每天更新信息 60 多条，1 万字以上。累计两年多更新信息近 4 万条，600 多万字。

开通了扶贫实用技术录像电话预约点播。录像点播引起广大农户的关注，但原来的点播方式是人工电话预约、人工检索播放，播放不及时、操作不方便。为解决这一难题，榆林区购置器材，自行改装了一套电话遥控自动电视点播设备，对项目示范区群众实行免费的自动点播服务。首先搜集"星火 30 分"几年来的录像节目及其他涉农科技 VCD 节目 700 条，经视频采集，在计算机硬盘中建立了种植技术、畜牧养殖、林果园艺、农化植保、农机农资、实用技术、科普生活、综合园地等八大类目录。农户在家里拨通点播电话 8109990，根据电视屏幕菜单以及电话语音提示，按相应电话键选定，就可收看到自己喜欢的扶贫录像节目。现在，每天的专用时段内，点播节目的群众连续不断，点播服务受到广大农民群众欢迎。

3. 主要成效

多年来，示范区社会信息化水平显著提高，示范镇、村的计算机从无到有，发展到现在的二十多台。农户信息意识的提高，吸引了电信运营商的投资，项目镇、村拥有的固定电话从 200 多部发展到现在的 1 240 部；移动电话从无到有，发展到 730 台；两示范镇有线电视与多路微波用户从三年前的 400 户发展到现在的 1 912 户。鱼河峁示范镇地处南部山区，原来只能收看几套模糊不清的电视节目，项目实施后，这里的情况引起广电部门重视，陕西省广电部门投资几百万元，为鱼河峁等乡镇建设了有线电视光缆网络，使距县城几十千米远的偏僻山沟里农户看到了和城区完全一样的 28 套电视节目。

试点示范产生的强烈的辐射效应，也推动了全榆阳区各行业的信息化进程。示范区周边的农户从项目看到了希望，全区各乡镇都希望尽快建立信息服务站。目前，已有麻黄梁等乡镇建立了信息服务站。一些示范区外的农户开始到示范乡镇信息站查找信息，全区许多农村专业户都购买了计算机。

由于采用多媒体传输的模式，项目在全榆阳区的受益户越来越多，项目受益面越来越大。榆阳区两个示范镇总人口 33 000 人，近 8 000 户农户，项目直接受益户数达到 70%以上。其中四个示范村总人口 4 117 人，总户数近 1 000 户，项目直接受益户数达到 95%以上。但由于项目专用图文电视、实用技术点播等信息服务，覆盖全区城乡，有 30 多万群众可以收看信息扶贫节目，使项目覆盖范围扩大，项目扩散效益显著，估计受益面达到榆阳区总户数 50%以上。

九、江苏省铜山县农村科技信息服务网络建设

1. 主要做法

建设铜山县奶业信息网。奶业用户可及时动态地从奶业信息网了解到国内外的奶业信息、奶类价格，掌握奶牛的品种引进、科学饲喂、疾病防治、优化繁殖、优质牧草品种引进、牧草发展动态等方面的科学知识，以此来指导奶业龙头企业发展，逐步成为双向互动，集技术、服务于一体的千里眼、顺风耳。各有关乡镇和奶业龙头企业可以根据

平台提供的产业信息，结合自身实际，开展市场需求调查，开拓市场；通过奶业信息网，增强相互间的交流和信息传递，实现信息资源的共享，促使企业进行产业技术升级和提高科技持续创新能力，带动乡镇农业产业结构的调整升级，从而使企业与养殖业主获得双赢。奶业信息网的建设，进一步提高了铜山县奶业经济的管理水平和技术水平，推动全县奶业经济向纵深方向发展，向精、深加工迈进，更好地为奶业经济服务。

完善"铜山县食品产业数据库"。充实数据，开发设计奶业相关数据库。数据库运用 SQL 程序设计，以数据驱动为核心，使其具有强大的信息资源共享功能。同时要兼容其他大型数据库和桌面数据库；建设一批奶业数据库，即奶牛养殖数据库、奶牛养殖专家数据库、奶制品加工数据库、奶制品加工专家数据库、奶制品市场信息库等；及时搜集吸收国内外奶业专家的意见，以提供全方位的技术服务、多学科的专家咨询、快速反映的市场信息，提高奶业经济发展的科技含量，增强全县奶业发展的源动力。

组织农产品网上交易。利用网络平台，引导农民利用网上技术指导科学种植和产品销售，把强化信息服务作为信息化建设的主要任务和根本出发点，重视网络的延伸、普及和电子商贸流通活动的开展。积极为有关乡镇、农业企业、示范大户开展供需对接活动，签订各种购销合同。全县建立了拥有 212 名会员的"农产品营销协会"，配合网络的应用，延伸信息的触角，从而降低流通成本和中间环节，增强全县食品加工业和奶业发展的市场竞争力。开展专业人员培训。网站中心分期分批开展骨干培训，建立一支集食品加工和奶业信息采集、传输、查询、应用为一体的专兼职人员队伍。培训内容主要是奶业技术咨询和技术服务等信息采集的内容与技术性操作，兼顾管理、市场等信息采集，从而在全县建立起信息搜集、反馈处理与应用及延伸服务三大组织体系。

科技成果推广与实用技术应用。及时下载各类科技、经济、食品加工、奶业等方面信息，经筛选、归类、整理，结合全县实际，编制《科技简讯》或以电子邮件的形式，发送至全县各有关乡镇、企业和示范大户，以及县直有关单位。对于个别有发展潜力的项目，通过报纸、电台和电视台进行宣传。同时，加强各示范乡镇、示范企业、示范大户和星火信息员的管理工作，充分发挥他们的积极性和主动性，保证能够及时、动态地发布全县食品加工、奶业方面的信息。通过下载和发布信息，双向互动，促进科技成果向现实生产力的转化，促进经济与科技的结合，提高全县的科技贡献份额。

2. 主要成效

一是建设了"铜山县食品产业数据库"；二是承担的江苏省重大攻关项目"江苏科技信息网铜山分中心建设"项目通过省级验收鉴定；三是"铜山县人民政府网站"在徐州政府网站（www.xz.gov.cn）"政府上网"栏目中落户，并被市政府网站评为优秀县级网站；四是被科技部评为农村科技信息化基地。

十、三门峡市农村信息服务体系建设

河南省三门峡市把信息化技术在农业上的应用作为促进农民增收的新举措，积极探索政府主导与信息服务社会化相结合的路子，强力推进农业科技信息化工作，取得了初步成效。一是开发出了烟草、苹果、畜牧、食用菌等专家系统，并建立了相应的示范区；二是开通了三门峡 863 智能网络，初步建立卢氏县"科技 110"工程和市级 96398 农业热线服务电话；三是与北京光彩农信公司合作在全市开展农村科技信息"村村通"系统工程，形成了"市有中心、县有平台、乡有信息站、村有信息员"的较为完善的农业科技信息服务体系，并成立了三门峡市农业科技信息网络协会，依托协会与社会各界合作，开展信息服务，有力地促进了农副产品外销、农业结构调整和特色农业发展，拓宽了农民增收、脱贫致富之路。同时，探索出了一条市场化运作信息服务的路子，实现了以网养网，农业信息服务进入良性的持续发展轨道。

1. 建设概况

创建了全国第三家专业果品网站——优质果品信息网，并在全市 19 个果品生产重点乡镇设立了信息站。

组织建设。市农业局本着做大做强市级平台的思路，机构设置上成立了市场与经济信息科、信息中心、培训中心、信息协会，4 个机构，一套人马，抽调和招聘工作人员 15 人，配备丰田面包车辆一台。建设了 120 平方米全省一流的农业信息处理中心和网络机房，建成了 52 台微机的黄河农网培训中心。

网站建设。核心网站黄河农网迄今已经过四次升级改版，现设有栏目 149 个，信息容量达到 1.5 亿汉字、5 300 幅图片，拥有农业科技、农业专家、农民经纪人等 10 个数据库，数据库主文件达到 520M。网站高起点、大容量，具备自动监测搜索系统、电子商务平台、智能专家咨询系统、国内报价联播系统等先进功能，可与农业部中农网的供求、报价系统保持同步，与国内 600 余个农业网站建立了链接，通过软件实行自动搜索监控。建立了三门峡市科技信息网和黄河农网，黄河农网下设优质果品网、三门峡畜牧网、黄河菌网、三门峡蔬菜网四个专业分网站。五大市级骨干网建成以来，每日发布信息 600 余条（篇），日访问达到 5 000 余人次。

服务体系建设。6 个县（市）、区全部建成信息服务中心，开通了县级农业科技信息网站，成为河南省第一个所辖县市全部建成信息平台的地市。目前，76 个乡镇全部建成信息服务站，均达到"六个一"标准，即有一间专用房，有一套计算机网络设备，有一条电话专用线，有 1.3 名专兼职工作人员，有一套信息服务制度，有一支信息员队伍。并且每个乡镇都开通了网站，拥有了"网上名片"。市县乡农业信息机构形成了"三最"现象，即"最先进的计算机设备、最好的房间设施、最年轻精干的队伍"。

2. 服务方式

网站发布。与河南省生产力促进中心合作，在承担国家"863"计划三门峡示范区子项目及省重大项目基础上，利用北京农业信息中心开发的技术平台，开发出苹果、烟草、食用菌、养牛等农业专家系统，并建立相应的 4 个示范区基地，开通了三门峡"863"智能网站。

信息机入户。与北京光彩农业信息有限公司合作，引进"农业科技信息进村入户系统"，开展农业科技信息村村通工程。目前在义马、渑池两个县市 36 个行政村进行试点运行，受到群众欢迎。

农技 110 热线电话。与全国农村小康信息户联网工程办公室合作开发了农村科技信息"110"热线工程项目，在卢氏县建设平台，投资 20 万元，目前设备已经到位，正在调试，年底前可使卢氏县 19 个乡镇 353 个行政村首先利用电话实现农业专家与农户实时互动，现场答疑，解决生产中的技术问题。2005 年逐步向全市农村推广。和通信公司合作，开通 2806105 "语音听网"热线和 168 "农家乐"声讯台，同时出台 169 和 ADSL 农民上网包月优惠政策，促进信息向基层的传播，受到了农村经纪人的欢迎。

卫星传播。与省委组织部、省生产力促进中心合作建立农村党员干部现代远程教育系统试点工作，利用卫星、互联网、有线电视台等网络媒体将党员干部培训、农村科技教育、农民工培训、卫生健康知识等教育内容形象、快捷地传递到乡村。目前投资 15 万元的 2 台服务器已经到位，经试运行后，可使全市党员干部收听收看到 4 800 多个课件节目。

手机短信。和移动公司合作，开展"万部手机赠农民"和手机短信活动。协会和移动公司协商达成协议，凡经协会审核，符合农民经纪人、农村干群条件的，预交 500 元月租话费，就可免费得到一部价值 800 元的手机。这个活动一推出就受到了普遍欢迎，短短两个月就已完成 5 600 部。在"万部手机赠农民"活动中，农民改善了通信条件，移动公司拓展了农村服务空间，三门峡市建起了经纪人短信平台，实现了"三赢"。结合信息中心原有的农村信息员和农民经纪人手机数据库，按照经纪人畜牧、果品、食用菌等分类，每日以手机短信发布各种市场信息和技术信息，以较低的代价实现了电波入户、信息下乡。两年来，累计发布信息 7 600 条，覆盖 3 300 个村组，接收达 550 万人次，收到反馈咨询信息 2 000 余人次。

机顶盒电视上网。和郑州 VCOM 公司合作，启动"机顶盒电视上网"。机顶盒是一种利用电视机上网设备，群众只需购买 600 元的机顶盒，通过电视机和普通电话线，不但可以上互联网，还可以上专用服务器点播上万部农业科教片、电影、教育、医疗等方面的视频节目。为了提高黄河农网的显示质量，三门峡市开发了黄河农网电视版，内设供求信息、价格行情、分析预测、最新科技等 12 个栏目，与黄河农网信息资源保持自动同步。这种设备一投向市场，即受到了农户的欢迎。

农业信息超市。和农资大户合作，建立农业信息超市。选择思想观念新、文化素质高的乡村农资经营户，帮助其购置微机上网，免费向其提供科技光盘、图书资料，依托农资经营门店建立信息服务超市，农民逢会赶集时可查阅农业科技知识和市场信息。农资经营户吸引了客户，扩大了经营。

电台广播。和市广播电台合作，开播"绿色田园"节目，由农业局专家轮流值播，解答群众的现场电话咨询，累计已播出 1 200 期（次），接受群众咨询 2 300 人（次）。

电视播放。和市电视台合作，每周三、周五播放农业科技知识、专题片，累计已播出 330 期（次）。

报刊发布。每周二在三门峡日报刊登农业生产技术专版，并发布全国各地主要农产品批发市场当日报价。还印发各种快讯、简报累计 1.6 万份，随报刊同时发行。

示范带动。从全市 2 370 户上网农民中选择了 100 名优秀信息能人，从 660 个农村协会中选择了 10 个开展信息服务较好的协会，从 1 200 余个涉农企业和批发市场中选择了 10 个信息化应用较好的企业，确定为典型，进行大力宣传和扶持，示范带动，极大地促进了农业科技信息进村入户工作的开展。例如，渑池县洪阳镇信息站立足本乡砂石产业开展信息服务，免费给群众下载和发布各种信息，印发快讯赠送农民，通过网络将砂石销到了太原等地，带动15个村的信息员11个自费买电脑上网。另一方面，对乡镇领导和机关干部开展培训，免费查阅各种信息，提高了干部素质，促进了信息化步伐。信息站里总是人头攒动，成为乡里最热闹的场所。类似的还有宫前乡、宜村乡、故县镇、函谷关镇、常村镇等。

3. 成效和典型事例

农业科技信息化服务体系建设启动以来，三门峡市倾力搭建信息平台，完善服务体系，引导群众利用现代化的信息手段进行农业结构调整和农产品营销。建网站、发信息、网上谈生意成为农村时尚，全市涌现了许多典型。

渑池县笃忠乡依托网络信息搞结构调整，形成了1万亩辣椒、1万亩西瓜、1万亩烟叶、1万亩牧草的产业优势。组织种植大户成立了辣椒协会，建立了辣椒网站，会员可以免费上网、参加培训、获取简报，形成了"致富＝协会＋信息＋会员"的运转模式，仅辣椒一项全乡农民增收1800余万元。该协会在网上组织辣椒招商订货会，吸引了11个省市客商86家，签订购销合同500万千克。

陕县过村526户、2084口人，其中果园3600亩，年果品总产400万千克，2003年注册了"陕州桃王"品牌，建起了批发市场，靠村里"桃王"网站和420部手机传递信息，吸引了广东、福建等8个省的客户，价格上扬20％，人均果品收入2116元。

灵宝市尚家湾村、河西村、湖滨区野鹿村等11个村建起了村级电脑活动室，每周定期向农民开放，免费上网。尚家湾村农民凭借互联网跟踪全国饲料和肉牛、生猪市场行情，形成了畜牧支柱产业，全村养牛1100头，养猪5100头，养殖户购置电脑60台，上网16台。

地处深山区的国家级贫困县卢氏县，核桃苗木繁育是农民的重要产业，农民王顶门制作网页发布苗木供应信息，三年来收到全国各地咨询电话1600多个，获得订单100余份，解决了销售难题。该县农民经纪人纪智泉专做网络生意，网上查阅全国各地苗木求购信息，组织群众生产和销售，成为大受群众欢迎的"苗木红娘"。据不完全统计，全市类似的事例还有100余人。

义马农民苏治国依靠互联网查阅饲料和生猪行情，根据期货价格分析市场走势，他依据这些信息大胆扩大饲养规模，生猪存栏达到800头，效益提高12万元，带动了全村220户养猪。

陕县大营镇"麻花大王"刘和平制作了"大营麻花，脆酥香万家"网页，将麻花销到全国40个省市的超市，并与沈阳、石家庄、大庆、上海等6家客商达成连锁经营，为此，中央台进行了采访报道。在典型的示范带动下，三门峡市农村电脑拥有量达到10270台，经常上网的农民达到17370人。农业网站发展迅速，达到176家，其中涉农企业72家。自建网页、网站的农民有106户。1999—2003年，农副产品网上销售收入累计达4.05亿元。2003年，全市第一产业增加值达到22.3亿元，比上年增长10.6％，农民人均纯收入达到2247元，比上年增长6.3％，增长幅度均高于全省平均水平，农业信息服务功不可没。

十一、广西田阳县农村科技信息服务网络建设

近年来，田阳县构建了上下通达、纵横交错的"县—乡—村—屯—户"五级联结的农村科技信息服务网络硬件、技术传播和技术推广应用三个平台。建立了以县科技信息中心，连接各乡镇和部门服务站、村级服务室的服务体系，为科技信息的有效传播打下了良好的基础。

1. 服务方式

构建"县、乡、村、屯、示范户"五级联动的三个平台。即"县有信息中心—乡有信息服务站—村有信息服务室—屯有信息服务点—户有示范户"五级联结的科技信息服务网络硬件平台；"县有信息采集系统及大屏幕电子显示屏—乡有广播及文化站—村有信息发布墙—屯有信息宣传栏—户有信息快报"的五级科技信息技术传播平台；"县有专业协会—乡有农技110—村有科技特派员—屯有科技示范户—户有科技信息员"的五级科技信息技术推广应用平台。

建设三支队伍。一是建设专兼职科技信息员结合的农村科技信息管理队伍；二是建设专业协会、农技110和科技特派员相结合的科技信息服务队伍；三是建立科技示范户、科技能人、党团员、妇联干部、村官、种养协会会员、种养大户、农产品流通能手为主导的科技信息应用队伍。通过建立信息公告栏、编发信息快报、协会组织传播、产品流通中介能人传送、广播电视媒体传播、村圩集市宣传发布、电子邮件发送等多种方式，并利用广西科技信息网开展网上专家咨询、信息发布、技术指导、技术与产品供求信息交流洽谈服务，使信息及时进村入户。

2. 服务模式

政府启动，建立科技信息服务应用平台。县政府以行政手段抓科技信息技术应用工作，在政策和资金上积极引导，先后下发了"关于成立农业科技信息服务体系建设工作领导小组的通知""关于转发田阳县科技局、农业局《农业科技信息服务体系建设工作方案》的通知"等4个专题工作文件，确保农业科技信息技术应用工作在示范乡镇、村顺利开展，并在县财政资金非常困难的情况下，每年安排10万元专项资金，专门用于科技信息服务体系建设。

能人带动，建立信息技术应用示范点。充分利用农村科技示范户、党员中心户等能带动周边群众的能人，由县、乡政府补助一部分资金，引导能人投入大部分资金购买电脑设备，全县共引导32个科技种养能人，建立32个示范点，通过他们把网上的新技术、新品种引进自己的果园、菜园开展应用示范，有效地带动了周边群众。

协会推动，建立信息技术应用的网络群。为了充分发挥群众自治组织在农村科技信息传播中的主力军作用，田阳县先后成立了"田阳县农村科技信息协会""田阳县芒果协会""田阳县蔬菜协会""田阳县农产品市场产销协会"，目前拥有会员1 200名。各协会每季度定期开展科技信息技术培训和交流分析活动，不断充实协会的信息量，同时从协会中筛选骨干作为科技信息员，及时把科技信息传到农民的田里、地里、屋里和心里，不断扩大信息覆盖面。

农民应用,形成科技信息技术应用的辐射带。田阳县科技信息的推广应用主要是面向农村,面向农民,采取"县带乡、乡带村、村带户、户带人"的互联方式进行信息的有效传播,每个示范村都有一批示范户,每个示范户又派生出 10 户以上的联系户,形成了科技信息一传十、十传百、百传千的良好格局,使广大农民群众的科技素质得到了进一步提高,也培养出了一批农村科技信息服务队伍。

3. 主要成效

近年来,田阳县重视信息传播和流通工作,逐步解决农产品流通不畅、效益不高的问题,进一步促进县域特色农业的产品创新、技术创新,先后获得了"全国芒果之乡""国家级农业科技园区""全国南菜北运基地县""全国无公害农产品生产基地县""全国商品粮基地县"和"全国园艺产品出口示范县"等荣誉称号。2001 年和 2003 年被科技部评为"全国科技进步先进县"。通过科技信息服务体系的建设,科技管理部门的服务能力、服务手段也不断得到了提高。目前隶属于田阳县科技局的科技信息服务中心的设备、设施和服务功能在百色市 12 个县市中已位居首位。同时,县科技局在县财政的支持下,为配套科技信息服务体系而建立起了一个面积 100 亩的新品种、新技术引进实验示范基地,基地每年引进瓜菜新品种、新技术 30 个(项)以上,取得了良好的经济和社会效益。

十二、陕西宝鸡农业专家大院的发展

1. 建设概况

陕西省宝鸡市根据农业主导产业发展的需要,先后从西北农林科技大学聘请了一批国内著名的专家为农业科技顾问,在田间地头、龙头企业和星火产业带上,建起了布尔羊、秦川牛、莎能奶山羊、苗木花卉、杂交小麦、辣椒、苹果等 34 个专家大院。大院多为二层小楼,配有专家起居室、办公室,设有实验室、培训教室,大院旁边是科技试验田和示范园。专家进了门能进行科研和技术培训,出了门就可以进行现场指导和大田示范,为专家们提供了舒适的生活条件和优越便捷的工作环境。

政府在引导专家大院建设中,确立了"以科技为先导,以项目为载体,以企业为依托,以产业为基础,以效益为目标"的原则。提出了"五个一"的要求,即"聘一位专家,办一所培训学校,建一处科技示范园,带动一个产业,兴一方经济",要求受聘专家做到"年初有一个工作计划,对全市农业开发或县域经济发展提出一份总体建设报告,就相关产业提出一个项目建议书,联系一个引智项目,有一份年度工作总结"。为了加强对农业专家大院的指导协调工作,成立了由政府主管领导牵头,农口各部门、各有关单位组成的大院协调领导小组,制定了大院建设发展规划,出台了市聘专家管理办法和专家大院管理办法。

2. 服务方式

经过几年的实践和探索,农业专家大院形成了三种运作方式:一是建立在龙头企业的专家大院,实行"专家+龙头企业+农民"的运作方式;二是建立在改制后的农技推广机构内的专家大院,实行"专家+农技推广机构+农民"的运作方式;三是依托当地农民专业协会建立的专家大院,实行"专家+农业专业协会+农民"的运作方式。各专家大院对内实行企业化管理,对外实行有偿社会化服务。

十三、漳州农业科技服务体系和服务平台建设情况

漳州农业能够得到蓬勃发展,成为全国最发达农业地区之一,除了得天独厚的地理、气候优势以及政策和对外开放因素外,科技推动是一个重要因素。在整个农业综合开发过程中,始终重视把科技进步同农业生产结合起来,坚持科技是先导,科技必须服务经济建设,必须服务农业生产,服务农村经济发展,服务农民。

首先,构筑农业科技服务体系基本框架。重点建设"三个体系":一是建设农业科技服务体系。为拓展服务领域,寻求与农业、农村经济发展相融合的服务方式,如开展科技下乡活动、制作农技宣传节目、培训农民、实施上网工程等,立足区域行业优势,加快农业行业生产力促进中心建设,为全市特色农业、主导产业发展提供全方位技术服务、项目对接等支撑。二是建设农业科技试验示范推广基地体系。漳州设有 4 个国家农业示范区、4 个省级现代农业试点、2 个农业现代化试点县和 12 个市级现代农业示范区,形成国家、省、市农业试验、示范、推广基地体系,为现代农业的发展提供有效的示范辐射。三是建设农业科技队伍网络体系。注重市、县、乡三级农业科技推广网络体系的建设,逐步形成完善的农业科技推广体系。

其次,创新农业科技服务平台。在建设农村科技服务体系过程中,坚持引入市场机制,推进政府、大专院校、科研机构、专业合作组织、龙头企业等服务主体并存;推广转化、评估、咨询、技术交易、培训、信息、标准研究与应用等服务内容并存;农村、农业、农民和企业等服务对象并存,以适应发展现代农业和走农村新型工业化道路的需要。主要是建立三个平台:一是建立农业科技创新开发平台。为加速农业和农村科技推广,提高农民增收致富能力,市委、市政府出台了鼓励政策,支持大专院校和科研机构的专家、技术人员深入农村一线,创办和领办各类科技开发组织,兴办科技开发实体,广泛开展技术指导、技术示范、技术推广、人才培训、技术咨询等服务。二是建立质量技术检测服务平台。为做好全市农产品出口,应对入世壁垒的挑战,于 1996 年创立了全省第一家地市级"农业检验监测中心"。主要开展的业务是肥料、农药、饲料等农资商(产)品质量检测及其土壤和植株养分分析。三是建立绿色食品开发服务平台。坚持把发展绿色食品作为发展质量效益型农业的切入点,制定出台了《漳州市农业发展绿色行动计划》,重点抓好龙海、漳浦、平和三个国家级无公害农产品生产示范基地和 15 个省市级现代农业示范园区建设。

十四、南平市推行科技特派员制度

1. 建设概况

农业是南平经济赖以发展的基础,在全省具有举足轻重的位置,素有"福建粮仓""南方林海""中国竹乡"之称。面对农村经济增长方式转变的形势要求,特别是加入

WTO 的机遇和挑战，南平把科技导入农村作为破解"三农"难题的突破口，着眼于盘活人才资源，实施科技特派员制度，探索建立科技服务"三农"的长效机制，以此激活农村经济细胞，加速"三农"难题的破解。南平把机关和事业单位的科技人员选派到农村，住进农民家，以村为基地，直接为农民提供言传身教、典型示范的服务。多年来，共选派了 6 365 人次的科技人员到 1 445 个村担任科技特派员，覆盖了全市 88% 以上的行政村。

（1）在选派方式上，实行双向选择，提高科技资源配置的有效性。采取"双向选择"的办法，既对全市农业科技人员进行分类，根据技术专长确定选派方向，又对全市农业产业结构调整特别是农业特色开发中农民的实际需求进行调查摸底，选择下派人选；还通过信息网站和公告栏发布有关资料、信息，实现科技人员与村、与农业企业、与专业大户直接联系和商洽，做到按需选派、供需对接。

（2）在服务机制上，注重利益驱动，促成科农携手长效机制。根据市场经济规律和利益激励原则，鼓励、支持科技人员以技术、资金、管理入股等形式，与农民群众和专业大户、龙头企业结成经济利益共同体，实行利益共享、风险共担，建立农业科技推广的投入回报机制。

（3）在工作方法上，发挥典型示范带动作用，着力培育先进生产力。借鉴以往科技下乡服务的经验，扬长避短，把推行科技特派员制度与实施"大户强村重镇"战略结合起来，科技特派员选择与专业大户结合，与农村先进生产力结合，注重培育一批专业大户、龙头企业，坚持服务牵引，搞好典型示范，充分发挥"邻居效应"，增强辐射带动作用。

（4）在运作方式上，整合队伍力量，实行集约化联动服务。通过整合力量，使科技特派员成为一支既分散各地又具有整体优势的科技示范推广队伍。同时，结合乡镇机构改革，将原有的乡镇农技站、经管站、农机站、水利工作站、畜牧兽医站"农五站"整合成乡镇科技特派员工作站。

2. 主要成效

几年来的实践证明，这项探索是受基层欢迎的，是符合老百姓利益的，实现了搞活基层、用活人才、促进发展的多赢效应。数以千计的科技特派员长期活跃在农村基层，传统农业因为科技的注入得到了嫁接改造，农业产业结构得到了进一步调整，以"中国锥栗之乡""中国竹子之乡"等为代表的地方名牌和一批地方高产、优质、高效的主导产业不断壮大，一批专业大户、龙头企业也在近年相继成长起来，成为带动农村经济发展的重要力量。

第六章　农村农业信息服务发展建议

党的十九大提出，坚持新发展理念，推动新型工业化、信息化、城镇化、农业现代化同步发展。《中共中央 国务院关于实施乡村振兴战略的意见》提出，坚持质量兴农、绿色兴农，以农业供给侧结构性改革为主线，加快构建现代农业产业体系、生产体系、经营体系，提高农业创新力、竞争力和全要素生产率，加快实现由农业大国向农业强国转变。大力发展农业农村信息化，积极促进信息技术与农业农村的深度融合，用信息化推动城镇化和农业现代化的发展是当前面临的一大重要任务。按照《中共中央 国务院关于实施乡村振兴战略的意见》提出的总体要求，深入贯彻落实中央关于农业现代化发展的一系列文件要求，应当以现代农业发展的重大需求为导向，通过优化政策、创新机制、整合资源、协同推进，加快发展农村农业信息服务，进而为山东省农业新旧动能转换提供有力支撑，为乡村振兴战略实施提供内生动力。

一、政府应加强统筹规划

要加强政府对农村信息服务的统一协调和领导。从国外农村农业信息服务的情况看，在发展中国家如印度、泰国，提供农村农业信息服务的主体仍然是政府机构，私人机构是最近才发展起来的，而且绝大多数私人机构并未配备专门的统计和信息处理专家，也不具备大范围的进行数据统计调查和普查的能力；在发达国家，政府机构也是农村农业信息服务的主体，但是除了政府机构外，各类非官方机构也在农村农业信息服务和降低农业风险方面起到了很大的作用，例如美国的各类农产品协会，再例如欧盟的农产品保险业和期货市场的发展等。不过从总体来看，提供农村农业信息服务的主体仍然是政府。就我国目前的状况来看，政府是农村农业信息服务的主体，而且考虑农村农业信息服务的公益性特征，我国政府应对农村农业信息化及其服务体系建设上加大资金投入，帮助理顺农口各单位的分工协作关系，以形成农村农业信息服务的合力。

农村农业信息服务是一项长期工作，涉及生产、管理、销售等多个环节，需要整体、全面、系统地进行规划设计，做到统筹布局、重点突出。要制定农村农业信息服务的总体发展规划，从顶层设计和专业技术领域进行全局谋划和目标设计，明确具体建设内容和目标，同时配以相应的扶持政策，建立稳定的专项资金筹措及投入机制。通过自上而下的政策引导、项目规划和发展谋划，形成政府主导、农民参与、企业建设、社会支持的发展大格局。

二、应完善配套法规和政策

信息化的建设离不开政府的宏观指导。在一些发达国家，还通过立法对信息开发和服务提供保证并进行约束。美国在农业信息管理上，从信息资源采集到发布都进行了立法管理，形成体系。日本为了保证信息的真实、可靠、及时，政府为批发市场的运行制定了一套严密的法律。此外，政府还负责制定信息工作与信息产品的标准，以确保信息产品的质量和通用性，实现信息资源共享，促进现代技术的推广应用。加快我国信息标准、规范和信息立法工作，一方面可以避免各行其是，在全国统一的标准下建设农村农业信息化，另一方面便于与国际接轨，对国际上成熟的标准、规范，我们可以实行"拿来主义"避免许多重复劳动。许多人为因索仍然影响着农村农业信息服务的质量，影响农村农业信息的使用效果。

农业受自然和市场的双重影响，必须依托政府才能促进农村农业信息服务体系建设，各国在农业信息化发展上均出台了很多优惠政策。美国政府对农村信息服务建设的直接资金投入包括网络体系建设、数据库建设和技术研发。德国政府始终致力于农村信息服务的政策与环境、资金的支持和农业信息化基础设施的建设、数据库投入，设立一些推进网络技术应用的项目。日本各种地域农村信息服务系统由政府投资。印度通过购买计算机和软件减免个人所得税，下调因特网收费标准以及技术法案、降低农民获取信息的费用等手段支持农村信息服务的发展。泰国政府为了稳定农业科技推广人员队伍，科技推广人员一般都被列入公务员行列，鼓励他们深入农村里去推广农业技术和传播农业信息。我国目前也出现了大量从事农村农业信息服务的私人机构、公司，应通过制定相应的优惠政策和政府引导性资金投入进行扶持。

三、加大金融支持和投入

政府需要在加强信息化基础设施建设的同时，还要出台政策，调动各方积极性。健全财政稳定投入机制，以政府投入为主体，并通过税收、价格政策引导社会资本投入农村农业信息服务发展。实施补贴制度，进一步完善和发挥补贴政策引导作用，积极推动农村农业信息服务装备品目列入补贴范围。完善信贷支持政策，加大农业保险保障力度，对开展农村农业信息服务的各类主题贷款予以财政贴息支持。要充分发挥规划引领作用，引导各类市场主体团结协作，积极参与农村农业信息服务科技创新和推广应用，优化资源配置，形成齐抓共推的强大合力。

鼓励和动员社会力量参与农村信息化建设。农村农业信息服务体系建设是一项重大的社会化工程，必须在政府高度重视、大力支持的基础上，动员和组织各种社会力量参与建设。印度和泰国在农村信息化建设中的融资渠道和投资模式灵活多样，有政府投入、私人投资和公私合营（public-private partnership）等方式，注意吸引私营企业加入信息化，结果证明这些方式互补，保证了农村信息化建设项目在经济上的可持续性。建议政府制定相关政策、法规和管理办法，鼓励和支持社会力量，尤其是实力企业参与农村农业信息服务体系建设，充分调动他们的积极性，逐步探索和创建一套推动农村农业信息服务体系建设持续发展的良性运作机制。

四、探索建立可持续机制

协调好政府、社团组织、龙头企业、信息企业以及广大基层农户等各方面之间的利益关系，必须充分发挥各种利益分配机制的优势，扬长避短，建立一套组织机制完备、投资机制合理、动力机制强劲、调控机制有效、风险规避能力强的能够使信息服务的各参与者都能较好地达到自身利益期望、实现各方面"共赢"的利益分配机制。

一是建立多渠道投资机制。多渠道的投资机制解决信息服务资金需求巨大与我国财政能力不足的矛盾。采用政府与社会分类投资的方式，由政府负责信息化公共基础设施的建设，信息服务体系维护、运行的投资主要依靠各类社会组织，农村信息服务体系的搭建和完善，政府应承担更大责任，同时也要鼓励社会积极参与。政府建立的信息网络，委托社会组织来运营和提供服务，这样的投资机制可以有效解决政府用于信息服务的财政不足的问题。

二是实现政府、企业与社团之间的协同服务。政府、企业、社团之间的协同服务解决农民对信息的全方位需求与农民社团经营能力不强、服务层次不高之间的矛盾。采用政府、企业与社团合作的方式，利用政府在政策、科研、资金等方面的优势以及农村龙头企业及信息企业在科技、市场等方面的优势，协同为农民社团提供信息服务，并使政府、企业在合作过程中也能获得相应利益，从而用政府及企业的服务能力提高社团组织提供信息服务的层次，提高农民利用科技信息增产增收的能力。

三是变分散服务为集中服务。以农村社团组织作为联系农村龙头企业与基层农户的纽带，把企业对分散农户的服务转化为对农民组织的服务，降低企业的信息服务成本，解决龙头企业利益最大化的经营目标与对分散农户的信息服务成本过高之间的矛盾。农村龙头企业通过转换服务对象降低对分散农户的信息服务成本和生产过程中的监管成本，同时，协会通过接受企业的技术培训也能提高自身的科技能力，能够更好地为组织成员服务，双方互惠互利，形成良性机制。

四是变个体消费为整体消费。把农户个体消费转化为农民集体消费解决信息企业有偿服务与农户信息消费水平不高之间的矛盾。由于目前我国基层农村的经济条件普遍较差，农民信息消费水平低，信息企业提供信息产品在短期内难以回收成本，影响信息企业开展信息服务的积极性。所以，在农户集中形成社团以后，把农户个体消费转化为农民的集体消费，增强了对通信产品和信息商品的购买能力，为信息企业生产的高端通信产品和商品化的农村信息提供新的销售市场，有效解决信息企业有偿服务与农户信息消费水平不高之间的矛盾。

五、持续支持科技创新

持续的投入、技术的进步、人才的储备是农村农业信息服务科技创新的不竭动力。

一是要加强政府引导，强化农村农业信息服务科技创新与服务，促进科技成果转化；二是要加强协同创新，推进产学研、农科教紧密结合，探索科研与创新并重、创新创业一体化的科技创新管理机制，引导围绕农村农业信息服务创新体系建设开展科学研究、技术创新和市场应用；三是以科企联合研发为抓手，搭建科技创业孵化和技术交易等平台，加大领军人才和创新团队培育力度，提高科研效率和效果；四是围绕农业转型升级，运用跨界、融合、创新、共享的互联网思维，促进信息服务技术在农村农业各环节、各行业的应用。

六、组织关键技术协同创新

坚持市场主导，面向产业需求，组织产学研各类力量，开展协同创新和科技攻关，着力解决产业共性关键技术问题。启动实施科技专项，重点支持突破一批技术瓶颈，构建农村农业信息服务技术体系。一是进一步优化协同创新机制，促进科技资源、平台特别是重大科研仪器设备的共享共用，引导高校、科研机构、企业等共同参与研发和推广应用，不断提升技术创新水平。二是完善以产业需求为导向的农业科研立项机制，鼓励科技人员通过技术入股的形式，创办涉农科技型企业等生产经营主体。三是加强关键技术节点的衔接研究，推进产业链与创新链的整合，加快互联网与农业产业链、价值链和供应链的深度融合，推动信息服务技术与农业生产、经营、管理、服务各环节深度融合。四是发展科技金融，积极完善金融资金支持农村农业信息服务领域科技创新的政策措施，探索社会资金投入创新的机制。

七、实施规模化示范工程

大力推动实施农村农业信息服务科技示范工程，发挥专家咨询和政府引领等作用，有效聚集创新要素和资源，建立协作攻关体系，要突出重点，发挥试点示范效应，以点带面，稳步发展。围绕农业转型升级，运用跨界、融合、创新、共享的互联网思维，促进信息技术在农业各环节、各行业的应用。在中后期逐步引入社会资本参与，努力提升物质装备、科技水平、服务层次，提升产业主体的综合竞争力。发挥示范区引领作用，率先突破制约发展的体制机制障碍。在试验示范的基础上，要进一步探索规律和积累经验，分阶段地将农村农业信息服务技术及经验进行推广。

八、加大推广应用力度

农村农业信息服务的最终目的就是要将农业科技创新成果转化为实实在在的生产力。要强化政府引导和政策扶植力度，探索建立多元化的市场投入机制；构建手段先进、灵活高效的新型农民培育体系，加强农业信息人才培育，努力打造一支懂技术、会经营的新型职业农民队伍；加强宣传培训，推广成功模式和典型经验，展示助农惠农的新成果，在基层营造解、支持、应用农村农业信息服务技术的浓厚氛围；加强基层推广队伍建设，面向农户、地块、村、乡（镇）和县域等不同层次的用户，建立技术推广服务网络；鼓励种养大户、家庭农场等各类主体大胆应用，不断创新完善，形成适合各自特点的新模式，不断提高农村农业信息服务发展水平。

九、注重人才培养和农民培训

注重信息技术人才培养，加强对农民的培训。农民是农业生产和经营的主体，农村农业信息化进程一定程度上要取决于农民信息意识和经济实力的增强。我国农民素质普遍较低，信息化意识和利用信息的能力不强，应用信息的主动性、接受能力有限，影响计算机和其他一些先进设备的推广和使用，而且这一问题还会长期存在。发达国家已完成了农业现代化，农民（农场主）一般均接受了本科以上的学历教育，无论从自身素质还是对新技术的接受能力均远远高于我国农民，而且这种情形在短期内也无法改变。我国农民文化程度低必然导致对新技术的认识水平、接受能力和使用效果的局限性，而且农民的收入相对较低，也没有能力进行信息技术产品等投资较高的再生产投入。要调动社会各方面参与农民培训工作的积极性，鼓励各类教育培训机构、用人单位开展对农民的培训，提高农民的职业技能，增强农民的信息意识，拓展他们的增收空间。研究和开发适合我国农民特点的信息技术和信息服务产品，探索适合我国农民的信息服务体系，是在我国现实国情下解决农民问题的重要举措。

参考文献

曹磊，陈灿，郭勤贵，等. 2015. "互联网+"跨界与融合 [M]. 北京：机械工业出版社.

李道亮. 2017. "互联网+农业"农业供给侧改革必由之路 [M]. 北京：电子工业出版社.

李道亮. 2018. 农业 4.0——即将来临的智能农业时代 [M]. 北京：机械工业出版社.

李宁，潘晓，徐英淇. 2015. "互联网+农业"助力传统农业转型升级 [M]. 北京：机械工业出版社.

阮怀军，封文杰，陈英义. 2015. 农村农业信息化综合服务平台建设 [M]. 北京：中国农业出版社.

阮怀军，封文杰，郑纪业. 2017. "互联网+"现代农业应用研究 [M]. 北京：中国农业出版社.

阮怀军，王凤云，李振波. 2014. 农村农业信息化系统建设关键技术研究与示范 [M]. 北京：中国农业科学技术出版社.

阮怀军，赵佳，祝伟. 2016. 农村农业信息需求与服务模式探索 [M]. 北京：中国农业出版社.

唐珂. 2017. "互联网+"现代农业的中国实践 [M]. 北京：中国农业大学出版社.

赵春江. 2007. 农村信息化技术 [M]. 北京：中国农业科学技术出版社.